바쁜 친구들이 즐거워지는 **빠른** 학습법 − 서술형 기본서

징검다리 교육연구소 최순미 지음

나 혼자 푼다!
수학 문장제

초등
4-2

새 교육과정 완벽 반영!
2학기 교과서 순서와 똑같아
공부하기 좋아요!

이지스에듀

저자 소개

최순미 선생님은 징검다리 교육연구소의 대표 저자입니다. 이지스에듀에서 《바쁜 5·6학년을 위한 빠른 연산법》과 《바쁜 3·4학년을 위한 빠른 연산법》, 《바쁜 1·2학년을 위한 빠른 연산법》 시리즈를 집필, 새로운 교육과정에 걸맞은 연산 교재로 새 바람을 불러일으켰습니다. 지난 20여 년 동안 EBS, 디딤돌 등과 함께 100여 종이 넘는 교재 개발에 참여해 왔으며 《EBS 초등 기본서 만점왕》, 《EBS 만점왕 평가문제집》 등의 참고서 외에도 《눈높이수학》 등 수십 종의 교재 개발에 참여해 온, 초등 수학 전문 개발자입니다.

그 동안의 경험을 집대성해, 요즘 학교 시험 서술형을 누구나 쉽게 익힐 수 있는 《나 혼자 푼다! 수학 문장제》 시리즈를 집필했습니다.

징검다리 교육연구소는 바쁜 친구들을 위한 빠른 학습법을 연구하는 이지스에듀의 공부 연구소입니다. 아이들이 기계적으로 공부하지 않도록, 두뇌가 활성화되는 과학적 학습 설계가 적용된 책을 만듭니다.

바쁜 친구들이 즐거워지는 빠른 학습법 - 바빠 시리즈
나 혼자 푼다! 수학 문장제 - 4학년 2학기

초판 발행 | 2018년 7월 5일
초판 6쇄 | 2024년 9월 20일
지은이 | 징검다리 교육연구소 최순미
발행인 | 이지연
펴낸곳 | 이지스퍼블리싱(주)
출판사 등록번호 | 제313-2010-123호
주소 | 서울시 마포구 잔다리로 109 이지스 빌딩 5층(우편번호 04003)
대표전화 | 02-325-1722　　　　　　**팩스** | 02-326-1723
이지스퍼블리싱 홈페이지 | www.easyspub.com　　　**이지스에듀 카페** | www.easyspub.co.kr
바빠 아지트 블로그 | blog.naver.com/easyspub　　　**인스타그램** | @easys_edu
페이스북 | www.facebook.com/easyspub2014　　　**이메일** | service@easyspub.co.kr

기획 및 책임 편집 | 조은미, 박지연, 정지연, 최순미, 김현주, 이지혜　　**일러스트** | 김학수
디자인 | 이유경, 이근공, 손한나　　**전산편집** | 아이에스　　**인쇄** | 보광문화사
영업 및 문의 | 이주동, 김요한(support@easyspub.co.kr)　　**독자 지원** | 박애림, 김수경　　**마케팅** | 라혜주

ISBN 979-11-6303-016-4 64410
ISBN 979-11-87370-61-1(세트)
가격 9,000원

알찬 교육 정보도 만나고 출판사 이벤트에도 참여하세요!

1. 바빠 공부단 카페
cafe.naver.com/easyispub

2. 인스타그램
@easys_edu

3. 카카오 플러스 친구
이지스에듀 검색!

• **이지스에듀**는 이지스퍼블리싱의 교육 브랜드입니다.
（이지스에듀는 아이들을 탈락시키지 않고 모두 목적지까지 데리고 가는 책을 만듭니다!）

서술형 문장제도 나 혼자 푼다!

새 교육과정, 서술의 힘이 중요해진 초등 수학 평가

'2015 개정 교육과정'을 반영한 3학년, 4학년 교과서는 2018년 봄(1학기)과 가을(2학기)에 새로 나와 다음 교과서 개정이 될 때까지 5년 동안 사용됩니다. 새로 개정된 교육과정의 핵심은 바로 '4차 산업혁명 시대에 걸맞은 인재 양성'입니다. 어린이가 살아갈 미래 사회가 요구하는 인재 양성을 목표로, 이전의 단순 암기가 아닌 스스로 탐구해 알아가는 과정 중심 평가가 이루어집니다.

과정 중심 평가의 대표적인 유형은 서술형입니다. 수학에서는 단순 계산보다는 실생활과 관련된 문장형 문제가 많이 나오고, 답뿐만 아니라 '풀이 과정'을 평가하는 비중이 대폭 높아집니다.

정답보다 과정이 중요해요! — 문장형 풀이 과정 완벽 반영!

예를 들어, 부산의 모든 초등학교에서 객관식 시험이 사라졌습니다. 주관식 시험도 서술형 위주로 출제되고, '풀이 과정'을 쓰는 문제의 비율도 점점 높아지고 있습니다.

나 혼자 푼다! 수학 문장제는 새 교육과정이 원하는 교육 목표를 충실히 반영한 책입니다! 새 교과서에서 원하는 적정한 난이도의 문제만을 엄선했고, 단계적 풀이 과정을 도입해 어린이 혼자 풀이 과정을 완성하도록 구성했습니다.

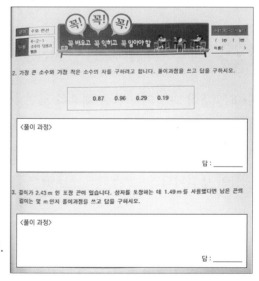

부산시교육청의 초등 수학 서술형 시험지.
풀이 과정을 직접 완성해야 한다.

문장제, 옛날처럼 어렵게 공부하지 마세요!

나 혼자 푼다! 수학 문장제는 새 교과서 유형 문장제를 혼자서도 쉽게 연습할 수 있습니다. 요즘 교육청에서는 과도하게 어려운 문제를 내지 못하게 합니다. 이 책에는 옛날 스타일 책처럼 쓸데없이 꼬아 놓은 문제나, 경시 대회 대비 문제집처럼 아이들을 탈락시키기 위한 문제가 없습니다. 진짜

실력이 쌓이고 공부가 되도록 기획된 문장제 책입니다.

또한 문제를 생각하는 과정 순서대로 쉽게 풀어 나가도록 구성했습니다. 단답형 문제부터 서술형 문제까지, 서서히 빈칸을 늘려 가며 풀이 과정과 답을 쓰도록 구성했지요. 요즘 학교 시험 스타일 문장제로, 4학년이라면 누구나 쉽게 도전할 수 있습니다.

 ## "문제가 무슨 말인지 모르겠다면?" — 문제를 이해하는 힘이 생겨요!

문장제를 틀리는 가장 큰 이유는 문제를 대충 읽거나, 읽더라도 잘 이해하지 못했기 때문입니다. **나 혼자 푼다! 수학 문장제**는 문제를 정확히 읽도록 숫자에 동그라미를 치고, 구하는 것(주로 마지막 문장)에는 밑줄을 긋는 훈련을 합니다.

문제를 정확하게 읽는 습관을 들이면, 주어진 조건과 구하는 것을 빨리 파악하는 힘이 생깁니다. 또한 어려운 용어는 국어 시간처럼 설명해 주어 수학 독해력도 쌓입니다.

윤재는 고구마를 $\frac{4}{10}$ kg, 민호는 $\frac{3}{10}$ kg 캤습니다. 윤재와 민호가 캔 고구마는 모두 몇 kg일까요?

분수끼리 더한 다음, 가분수이면 대분수로 나타낼래.

 ## "막막하지 않아요!" — 빈칸을 채우며 풀이 과정 훈련!

이 책은 풀이 과정의 빈칸을 채우다 보면 식이 완성되고 답이 구해지도록 구성했습니다. 또한 처음 나오는 유형의 풀이 과정은 연한 글씨를 따라 쓰도록 구성해, 막막해지는 상황을 예방해 줍니다.

또한 이 책의 빈칸을 따라 쓰고 채우다 보면 풀이 과정이 훈련돼, 긴 풀이 과정도 혼자서 척척 써 내는 힘이 생깁니다.

수학은 약간만 노력해도 풀 수 있는 문제부터 풀어야 효과적입니다. 어렵지도 쉽지도 않은 딱 적당한 난이도의 **나 혼자 푼다! 수학 문장제**로 스스로 문제를 풀어 보세요. 혼자서 문제를 해결하면, 수학에 자신감이 생기고 어느 순간 수학적 사고력도 향상됩니다.

이렇게 만들어진 문제 해결력과 사고력은 고학년 수학을 잘할 수 있게 될 거예요!

'나 혼자 푼다! 수학 문장제' 구성과 특징

1. 혼자 푸는데도 선생님이 옆에 있는 것 같아요! — 친절한 도움말이 담겨 있어요.

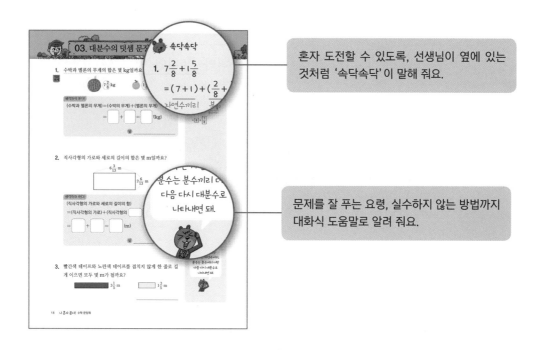

혼자 도전할 수 있도록, 선생님이 옆에 있는 것처럼 '속닥속닥'이 말해 줘요.

문제를 잘 푸는 요령, 실수하지 않는 방법까지 대화식 도움말로 알려 줘요.

2. 교과서 대표 유형 집중 훈련! — 같은 유형으로 반복 연습해서, 익숙해지도록 도와줘요.

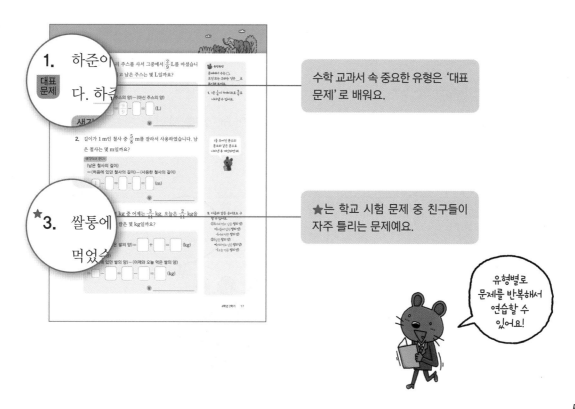

수학 교과서 속 중요한 유형은 '대표 문제'로 배워요.

★는 학교 시험 문제 중 친구들이 자주 틀리는 문제예요.

유형별로 문제를 반복해서 연습할 수 있어요!

3. 문제 해결의 실마리를 찾는 훈련! — 조건과 구하는 것을 찾아보세요.

숫자에는 동그라미, 구하는 것(주로 마지막 문장)에는 밑줄 치며 푸는 습관을 들여 보세요. 문제를 정확히 읽고 빨리 이해할 수 있습니다. 소리 내어 문제를 읽는 것도 좋아요!

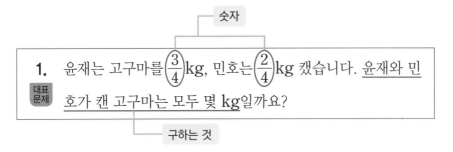

4. 단계별 풀이 과정 훈련! — 막막했던 풀이 과정을 손쉽게 익힐 수 있어요.

'생각하며 푼다!'의 빈칸을 따라 쓰고 채우다 보면 긴 풀이 과정도 나 혼자 완성할 수 있어요!

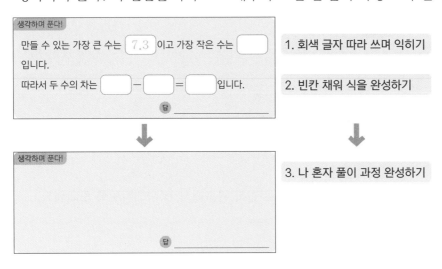

1. 회색 글자 따라 쓰며 익히기

2. 빈칸 채워 식을 완성하기

3. 나 혼자 풀이 과정 완성하기

5. 시험에 자주 나오는 문제로 마무리! — 단원 평가도 문제없어요!

각 단원마다 시험에 자주 나오는 주관식 문제를 담았어요. 실제 시험을 치르는 것처럼 풀어 보세요!

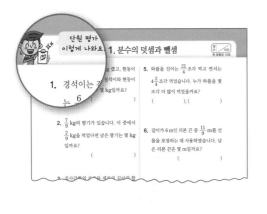

단원평가도
자신 있어요!

 효과적으로 공부하는 방법

'나 혼자 푼다! 수학 문장제' 이렇게 공부하세요.

▪ 다음 어린이에게 이 책을 추천해요!

문제 자체를 이해 못하는 어린이	풀이 과정 쓰기가 막막한 어린이	학교 시험을 100점 받고 싶은 어린이

▶ 숫자에 동그라미, 구하는 것에 밑줄 치며 문제를 읽으세요!	▶ 빈칸을 채워 가며 풀이 과정을 쉽게 익혀요!	▶ 새 교과서 진도에 딱 맞춘 문장제 책으로 학교 시험 서술형까지 OK!

1. 개정된 교과서 진도에 맞추어 공부하려면?

'나 혼자 푼다! 수학 문장제 4-2'는 개정된 수학 교과서에 딱 맞춘 문장제 책입니다. 개정된 교과서의 모든 단원을 다루었으므로 학교 진도에 맞추어 공부하기 좋습니다.

교과서로 공부하고 문장제로 복습하세요. 하루 15분, 2쪽씩, 일주일에 4번 공부하는 것을 목표로 계획을 세워 보세요.

문장제 책으로 한 학기 수학을 공부하면, 수학 교과서도 더 풍부하게 이해되고 주관식부터 서술형까지 학교 시험도 더 잘 볼 수 있습니다.

2. 문제는 이해되는데, 연산 실수가 잦다면?

문제를 이해하고 식은 세워도 연산 실수가 잦다면, 연산 훈련을 함께하세요! 특히 4학년은 나눗셈을 어려워하는 경우가 많으니, '나눗셈 편'으로 점검해 보세요.

매일매일 꾸준히 연산 훈련을 하고, 일주일에 하루는 '나 혼자 푼다! 수학 문장제'를 풀어 보세요.

4학년은 '나눗셈 편'을 더 많이 풀어요!

바빠 연산법 3·4학년 시리즈

 목차

교과서 단원을
확인하세요~

첫째 마당

나 혼자 풀이 과정을 완성하는
분수의 덧셈과 뺄셈

첫째 마당에서는 분모가 같은 **분수의 덧셈과 뺄셈을 이용한 문장제**를 배웁니다.
분모가 같은 분수의 계산은 분자끼리만 계산하면 되니 어렵지 않아요.
분수가 나오는 생활 속 문장제를 풀어 보세요.

분모가 같은 분수의 덧셈이나 뺄셈에서는 분모끼리는
더하거나 빼지 않아요! 꼭 기억하세요~

01. 진분수의 덧셈 문장제

1. $\frac{1}{6}$보다 $\frac{2}{6}$ 큰 수는 얼마일까요?

_____

2. $\frac{3}{8}$보다 $\frac{4}{8}$ 큰 수는 얼마일까요?

_____

3. 초코 우유 $\frac{2}{10}$ L와 딸기 우유 $\frac{5}{10}$ L를 마셨습니다. 마신 우유는 모두 몇 L일까요?

_____ L

4. 피자를 나는 전체의 $\frac{2}{4}$만큼을, 동생은 전체의 $\frac{1}{4}$만큼을 먹었습니다. 나와 동생이 먹은 피자는 전체의 얼마일까요?

_____

5. 조각 퍼즐을 지수는 전체의 $\frac{5}{9}$를, 현서는 $\frac{3}{9}$을 맞추었습니다. 지수와 현서가 맞춘 조각 퍼즐은 전체의 얼마일까요?

_____

🐭 속닥속닥

1. · ●보다 ▲ 큰 수
   → ●+▲

   · $\frac{1}{6} + \frac{2}{6}$

   $= \frac{1+2}{6}$ ← 분자끼리 더해요.
   ← 분모는 그대로!

3. 분자끼리 더해요.

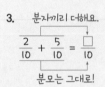

$\frac{2}{10} + \frac{5}{10} = \frac{□}{10}$

분모는 그대로!

1. 하빈이는 하루에 우유를 $\frac{2}{7}$ L씩 마십니다. 이틀 동안 마신 우유는 모두 몇 L일까요?

대표
문제

생각하며 푼다!

(이틀 동안 마신 우유의 양)

$= \boxed{\frac{2}{7}} + \boxed{} = \boxed{}$ (L)

→ 단위도 꼭 써요!

답 ＿＿＿＿＿＿＿＿ L

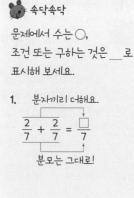

속닥속닥

문제에서 수는 ○,
조건 또는 구하는 것은 ＿로
표시해 보세요.

1. 분자끼리 더해요.

$$\frac{2}{7} + \frac{2}{7} = \frac{\square}{7}$$

분모는 그대로!

2. 시영이는 어머니의 심부름으로 집에서 $\frac{3}{11}$ km 떨어진 마트를 갔다 왔습니다. 시영이가 집에서 마트까지 갔다 온 거리는 모두 몇 km일까요?

생각하며 푼다!

(집에서 마트까지 | 갔다 온 거리 |)

$= \boxed{} + \boxed{} = \boxed{}$ (km)

답 ＿＿＿＿＿＿＿＿＿

2. (갔다 온 거리)
= (간 거리) + (온 거리)

간 거리
$\frac{3}{11}$ km
집 ＿＿＿＿ 마트
$\frac{3}{11}$ km
온 거리

3. 준민이는 $\frac{2}{5}$ m인 리본 끈을 2개 샀습니다. 준민이가 산 리본 끈의 길이는 모두 몇 m일까요?

생각하며 푼다!

(준민이가 산 | |)

$= \boxed{} + \boxed{} = \boxed{}$ (m)

답 ＿＿＿＿＿＿＿＿＿

3. 리본 끈 1개의 길이를 두 번 더해요.

1. 윤재는 고구마를 $\frac{3}{4}$ kg, 민호는 $\frac{2}{4}$ kg 캤습니다. 윤재와 민호가 캔 고구마는 모두 몇 kg일까요?

대표문제

생각하며 푼다!

(윤재와 민호가 캔 고구마의 양)

=(윤재가 캔 고구마의 양)+(민호가 캔 고구마의 양)

가분수 → 대분수

= ☐ + ☐ = ☐ = ☐ (kg) ← 합이 가분수이면 대분수로 나타내요.

답 _____

2. 진호는 $\frac{4}{7}$ km 걸었고, 희수는 $\frac{5}{7}$ km 걸었습니다. 진호와 희수가 걸은 거리는 모두 몇 km일까요?

생각하며 푼다!

(진호와 희수가 걸은 거리)

=(진호가 걸은 거리)+(희수 가 걸은 거리)

가분수 → 대분수

= ☐ + ☐ = ☐ = ☐ (km) ← 합이 가분수이면 대분수로 나타내요.

답 _____

3. 철사를 보영이는 $\frac{5}{9}$ m, 송현이는 $\frac{6}{9}$ m 사용하였습니다. 보영이와 송현이가 사용한 철사는 모두 몇 m일까요?

생각하며 푼다!

(보영이와 송현이가 사용한 철사의 길이)

=(보영이가 사용한 철사의 길이)+(_____)

가분수 → 대분수

= ☐ + ☐ = ☐ = ☐ (m) ← 합이 가분수이면 대분수로 나타내요.

답 _____

 속닥속닥

문제에서 수는 ◯,
조건 또는 구하는 것은 ___로
표시해 보세요.

1. $\frac{3}{4} + \frac{2}{4}$

= $\frac{☐ + ☐}{4}$ ← 분자끼리 더해요.
     ← 분모는 그대로!

= $\frac{☐}{4}$ ← 합이 가분수이면

= ☐$\frac{☐}{4}$ ← 대분수로 바꿔요.

① 분모는 그대로 두고
   분자끼리 더해요.
② 계산 결과가 가분수이
   면 대분수로 나타내요.

2. $\frac{7}{7}$=1이므로 $\frac{9}{7}$=☐$\frac{☐}{7}$

3. $\frac{9}{9}$=1

분모는 그대로 두고
분자끼리 더한 후
가분수이면
대분수로 나타내야지.

1.
대표 문제 책상의 세로는 $\frac{5}{8}$ m이고 가로는 세로보다 $\frac{4}{8}$ m 더 깁니다. 책상의 가로는 몇 m일까요?

속닥속닥

문제에서 수는 ◯,
조건 또는 구하는 것은 ___로
표시해 보세요.

1. $\frac{8}{8}=1$이므로 $\frac{9}{8}=\square \frac{\square}{8}$

생각하며 푼다!

(책상의 가로)=(책상의 세로)+(더 긴 길이)

가분수 → 대분수

= ⬚ + ⬚ = ⬚ = ⬚ (m)

답 _____

2. 소금물 $\frac{7}{9}$ L가 들어 있는 그릇에 소금물 $\frac{6}{9}$ L를 더 부었습니다. 소금물은 모두 몇 L가 되었을까요?

생각하며 푼다!

(전체 소금물의 양)

=(처음에 들어 있던 소금물의 양)+(더 부은 소금물의 양)

가분수 → 대분수

= ⬚ + ⬚ = ⬚ = ⬚ (L)

답 _____

3. 진구는 숙제를 어제는 $\frac{9}{13}$ 시간 하였고 오늘은 어제보다 $\frac{5}{13}$ 시간 더 하였습니다. 진구가 오늘 숙제를 한 시간은 모두 몇 시간일까요?

생각하며 푼다!

(진구가 오늘 숙제를 한 시간)

=(_____)+(숙제를 더 한 시간)

가분수 → 대분수

= ⬚ + ⬚ = ⬚ = ⬚ (시간)

답 _____

1. 분모가 ⑨인 진분수가 ②개 있습니다. 합이 $\frac{8}{9}$, 차가 $\frac{4}{9}$인 두

대표
문제 진분수를 구하세요.

> **생각하며 푼다!**
>
> 합이 8, 차가 4가 되는 자연수를 찾으면 6과 ☐입니다.
>
> 따라서 두 진분수를 구하면 ☐ , ☐ 입니다.
>
> 답 _____

🐭 **속닥속닥**

문제에서 수는 ◯,
조건 또는 구하는 것은 ___로
표시해 보세요.

1. **진분수**: 분자가 분모보다
　　　　　작은 분수

$\frac{8}{9}$ ←분자
　←분모　　$\frac{2}{9}$ ←분자
　　　　　　←분모

2. 분모가 11인 진분수가 2개 있습니다. 합이 $\frac{9}{11}$, 차가 $\frac{7}{11}$인

두 진분수를 구하세요.

> **생각하며 푼다!**
>
> 합이 9, 차가 7이 되는 자연수를 찾으면 8 과 ☐입니다.
>
> 따라서 두 진분수를 구하면 ☐ , ☐ 입니다.
>
> 답 _____

🐿️ 도전~ 나 혼자 풀이 완성!

3. 분모가 13인 진분수가 2개 있습니다. 합이 $\frac{12}{13}$, 차가 $\frac{6}{13}$인

두 진분수를 구하세요.

> **생각하며 푼다!**
>
>
>
> 답 _____

1. $\frac{7}{8}$ kg의 포도가 있습니다. 찬호가 이 중에서 $\frac{2}{8}$ kg을 먹었
다면 <u>남은 포도는 몇 kg</u>일까요?

🐭 속닥속닥

문제에서 수는 ○,
조건 또는 구하는 것은 ___로
표시해 보세요.

1. 분모가 같은 진분수끼리
의 뺄셈은 분모는 그대로
두고 분자끼리 빼요.

$\frac{7}{8} - \frac{2}{8}$

$= \frac{7-2}{8}$ ← 분자끼리 빼요.
 ← 분모는 그대로!

생각하며 푼다!

(남은 포도의 양)

=(전체 포도의 양)−(먹은 포도의 양)

= ☐ − ☐ = ☐ (kg)

답 _____

2. $\frac{11}{12}$ L의 매실 음료가 있습니다. 하은이가 이 중에서 $\frac{6}{12}$ L
를 마셨다면 남은 매실 음료는 몇 L일까요?

생각하며 푼다!

(남은 매실 음료의 양)

=(전체 매실 음료의 양)−(마신 매실 음료의 양)

= ☐ − ☐ = ☐ (L)

답 _____

3. 민영이네 집에서 학교까지의 거리는 $\frac{9}{15}$ km입니다. 민영
이가 집에서 출발하여 학교를 가는 데 $\frac{7}{15}$ km까지 걸어갔
다면 남은 거리는 몇 km일까요?

분모끼리는
빼지 않아.

생각하며 푼다!

(남은 거리)

=(집에서 학교까지의 거리)−(걸어간 거리)

= ☐ − ☐ = ☐ (km)

답 _____

1. 현준이는 어제는 $\frac{3}{7}$ 시간, 오늘은 $\frac{5}{7}$ 시간 운동을 하였습니다. 오늘은 어제보다 운동을 몇 시간 더 하였을까요?

🐹 **속닥속닥**

문제에서 수는 ◯,
조건 또는 구하는 것은 ___로
표시해 보세요.

생각하며 푼다!

(오늘 운동을 한 시간) − (어제 운동을 한 시간)

= ☐ − ☐ = ☐ (시간)

답 _____

2. 직사각형 모양의 액자의 가로는 $\frac{11}{13}$ m, 세로는 $\frac{7}{13}$ m입니다. 이 액자의 가로는 세로보다 몇 m 더 길까요?

생각하며 푼다!

(액자의 가로) − (액자의 ☐)

= ☐ − ☐ = ☐ (m)

답 _____

3. 헌 종이를 석진이는 $\frac{9}{10}$ kg 모았고, 유빈이는 $\frac{6}{10}$ kg 모았습니다. 석진이는 유빈이보다 헌 종이를 몇 kg 더 많이 모았을까요?

생각하며 푼다!

(☐ 이가 모은 헌 종이의 무게)

− (☐ 이가 모은 헌 종이의 무게)

= ☐ − ☐ = ☐ (kg)

답 _____

1. 하준이는 ①L짜리 주스를 사서 그중에서 $\frac{2}{9}$L를 마셨습니다. 하준이가 마시고 남은 주스는 몇 L일까요?

생각하며 푼다!

(남은 주스의 양)
= (처음에 있던 주스의 양) − (마신 주스의 양)

= $\boxed{1}$ − $\boxed{}$ = $\boxed{\frac{9}{9}}$ − $\boxed{}$ = $\boxed{}$ (L)

답 _____

2. 길이가 1 m인 철사 중 $\frac{5}{8}$ m를 잘라서 사용하였습니다. 남은 철사는 몇 m일까요?

생각하며 푼다!

(남은 철사의 길이)
= (처음에 있던 철사의 길이) − (사용한 철사의 길이)

= $\boxed{1}$ − $\boxed{}$ = $\boxed{}$ − $\boxed{}$ = $\boxed{}$ (m)

답 _____

★3. 쌀통에 있는 쌀 1 kg 중 어제는 $\frac{3}{11}$ kg, 오늘은 $\frac{2}{11}$ kg을 먹었습니다. 남은 쌀은 몇 kg일까요?

생각하며 푼다!

(어제와 오늘 먹은 쌀의 양) = $\boxed{}$ + $\boxed{}$ = $\boxed{}$ (kg)

(남은 쌀의 양)
= (처음에 있던 쌀의 양) − (어제와 오늘 먹은 쌀의 양)

= $\boxed{}$ − $\boxed{}$ = $\boxed{}$ − $\boxed{}$ = $\boxed{}$ (kg)

답 _____

03. 대분수의 덧셈 문장제

1. <u>수박과 멜론의 무게의 합은 몇 kg일까요?</u>

대표
문제

생각하며 푼다!

(수박과 멜론의 무게)＝(수박의 무게)＋(멜론의 무게)

$$= \boxed{} + \boxed{} = \boxed{} \text{(kg)}$$

답 ＿＿＿＿＿＿＿＿＿＿

2. 직사각형의 가로와 세로의 길이의 합은 몇 m일까요?

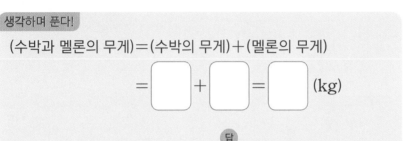

생각하며 푼다!

(직사각형의 가로와 세로의 길이의 합)

＝(직사각형의 가로)＋(직사각형의 $\boxed{}$)

$$= \boxed{} + \boxed{} = \boxed{} \text{(m)}$$

답 ＿＿＿＿＿＿＿＿＿＿

3. 빨간색 테이프와 노란색 테이프를 겹치지 않게 한 줄로 길게 이으면 모두 몇 m가 될까요?

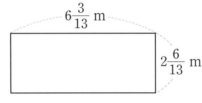 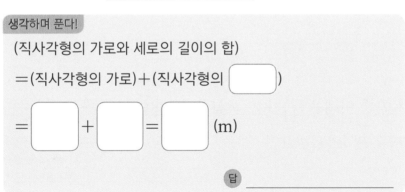

＿＿＿＿＿＿＿＿＿＿

빨간색 테이프 $3\frac{1}{5}$ m   노란색 $1\frac{3}{5}$ m

실제 테이프 길이는 이미지 참고

옆 설명:

🐭 속닥속닥

문제에서 수는 ○,
조건 또는 구하는 것은 ＿＿로
표시해 보세요.

1. $7\frac{2}{8} + 1\frac{5}{8}$

$= (7+1) + \left(\frac{2}{8} + \frac{5}{8}\right)$

자연수끼리 분수끼리

$= \boxed{8} + \boxed{\frac{7}{8}}$

대분수의 덧셈은
자연수는 자연수끼리,
분수는 분수끼리 더한
다음 다시 대분수로
나타내면 돼.

1. 빨간색 페인트 $4\frac{2}{9}$L와 파란색 페인트 $3\frac{3}{9}$L를 섞어 보라색 페인트를 만들었습니다. 보라색 페인트는 몇 L일까요?

🐭 **속닥속닥**

문제에서 수는 ○,
조건 또는 구하는 것은 ___로
표시해 보세요.

> **생각하며 푼다!**
>
> (보라색 페인트의 양)
> =(빨간색 페인트의 양)+(파란색 페인트의 양)
> = ☐ + ☐ = ☐ (L)
>
> 답 _____

2. 지영이는 역사책을 오전에 $1\frac{3}{6}$시간 읽었고, 오후에 $2\frac{2}{6}$시간 읽었습니다. 지영이가 역사책을 읽은 시간은 모두 몇 시간일까요?

> **생각하며 푼다!**
>
> (지영이가 역사책을 읽은 시간)
> =(오전에 읽은 시간)+(☐)
> = ☐ + ☐ = ☐ (시간)
>
> 답 _____

3. 승민이네 집에서 공원까지는 $2\frac{4}{11}$km이고, 공원에서 우체국까지는 $1\frac{5}{11}$km입니다. 승민이네 집에서 공원을 거쳐 우체국까지의 거리는 몇 km일까요?

_____

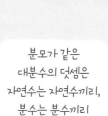

분모가 같은
대분수의 덧셈은
자연수는 자연수끼리,
분수는 분수끼리
더해야지.

1. 일주일 동안 주스를 경민이는 $2\frac{6}{7}$ L 마셨고 성훈이는 경민이보다 $1\frac{4}{7}$ L 더 마셨습니다. <u>성훈이가 일주일 동안 마신 주스의 양은 모두 몇 L일까요?</u>

대표문제

> **생각하며 푼다!**
>
> (성훈이가 일주일 동안 마신 주스의 양)
> =(경민이가 일주일 동안 마신 주스의 양)+(더 마신 주스의 양)
>
> 분수 부분의 합이 가분수┐   대분수
> = ☐ + ☐ = ☐ = ☐ (L)
>
> 답 _____

2. 물탱크에 물이 $12\frac{3}{4}$ L 들어 있습니다. $3\frac{2}{4}$ L의 물을 더 부었더니 물탱크에 물이 가득 찼습니다. 이 물탱크의 들이는 몇 L일까요?

> **생각하며 푼다!**
>
> (물탱크의 들이)
> =(물탱크에 처음 들어 있던 물의 양)+(더 부은 물의 양)
>
> 분수 부분의 합이 가분수┐   대분수
> = ☐ + ☐ = ☐ = ☐ (L)
>
> 답 _____

3. 수조에 물이 $5\frac{7}{12}$ L 들어 있습니다. $2\frac{10}{12}$ L의 물을 더 부으면 수조에 들어 있는 물은 모두 몇 L일까요?

_____

🐭 **속닥속닥**

문제에서 수는 ○,
조건 또는 구하는 것은 ___로
표시해 보세요.

1. 분수 부분의 합이 가분수이면 **대분수**로 바꾸어 나타내요.

$2\frac{6}{7}+1\frac{4}{7}$

$=(2+1)+\left(\frac{6}{7}+\frac{4}{7}\right)$

$=3+\frac{10}{7}$

$=3+1\frac{3}{7}$

2. ・물탱크의 물이 가득 찼을 때가 바로 물탱크의 들이예요.
・분수 부분의 합이 가분수이면 **대분수**로 바꾸어 계산해 보세요.

$\frac{5}{4}=\square\frac{\square}{4}$

3. $\frac{17}{12}=\square\frac{\square}{12}$

1. 3장의 수 카드 중 2장을 골라 한 번씩만 사용하여 분모가 8인 대분수를 만들려고 합니다. 가장 큰 대분수와 가장 작은 대분수의 합을 구하세요.

생각하며 푼다!

가장 큰 대분수: $4\dfrac{\boxed{}}{8}$, 가장 작은 대분수: $\boxed{}$

따라서 두 대분수의 합은 $\boxed{}$ + $\boxed{}$ = $\boxed{}$ 입니다.

답 _____

2. 3장의 수 카드 중 2장을 골라 한 번씩만 사용하여 분모가 9인 대분수를 만들려고 합니다. 가장 큰 대분수와 가장 작은 대분수의 합을 구하세요.

생각하며 푼다!

가장 큰 대분수: $\boxed{}$, 가장 작은 대분수: $\boxed{}$

따라서 두 대분수의 합은

분수 부분의 합이 가분수 ┐   대분수

$\boxed{}$ + $\boxed{}$ = $\boxed{}$ = $\boxed{}$ 입니다.

답 _____

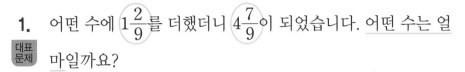

1. 어떤 수에 $1\frac{2}{9}$ 를 더했더니 $4\frac{7}{9}$ 이 되었습니다. 어떤 수는 얼마일까요?

대표 문제

생각하며 푼다!

어떤 수를 □라 하면

$$\square + 1\frac{2}{9} = 4\frac{7}{9}, \quad \square = \boxed{4\frac{7}{9}} - \boxed{} = \boxed{}$$ 입니다.

따라서 어떤 수는 $\boxed{}$ 입니다.

답 _____

1. 분모가 같은 대분수끼리의 뺄셈은 자연수는 자연수끼리, 분수는 분수끼리 빼요.

$$4\frac{7}{9} - 1\frac{2}{9}$$
$$= \underset{\text{자연수끼리}}{(4-1)} + \underset{\text{분수끼리}}{\left(\frac{7}{9} - \frac{2}{9}\right)}$$
$$= 3 + \frac{5}{9} \leftarrow \text{자연수와 분수의 합을 더해요.}$$

2. 어떤 수에 $4\frac{5}{7}$ 를 더했더니 $6\frac{6}{7}$ 이 되었습니다. 어떤 수는 얼마일까요?

생각하며 푼다!

어떤 수를 □라 하면

$$\square + 4\frac{5}{7} = \boxed{}, \quad \square = \boxed{} - \boxed{} = \boxed{}$$ 입니다.

따라서 어떤 수는 $\boxed{}$ 입니다.

답 _____

🐿️ 도전~ 나 혼자 풀이 완성!

3. 어떤 수에 $3\frac{7}{15}$ 을 더했더니 $7\frac{11}{15}$ 이 되었습니다. 어떤 수는 얼마일까요?

생각하며 푼다!

답 _____

1. 쌀통에 쌀이 $4\frac{7}{9}$ kg 들어 있었습니다. 이 중에서 $1\frac{5}{9}$ kg을 먹었다면 <u>남은 쌀은 몇 kg</u>일까요?

대표
문제

생각하며 푼다!

(남은 쌀의 양)=(처음에 있던 쌀의 양)−(먹은 쌀의 양)

$$= \boxed{} - \boxed{} = \boxed{} \text{(kg)}$$

답 _____

2. 병에 식용유가 $3\frac{5}{8}$ L 들어 있었습니다. 음식을 만드는 데 $1\frac{2}{8}$ L를 사용했다면 남은 식용유는 몇 L일까요?

생각하며 푼다!

(남은 식용유의 양)

=(처음에 있던 식용유의 양)−(사용한 식용유의 양)

$$= \boxed{} - \boxed{} = \boxed{} \text{(L)}$$

답 _____

3. 딸기 밭에서 $5\frac{8}{11}$ kg의 딸기를 땄습니다. 이 중에서 $2\frac{3}{11}$ kg을 먹었다면 남은 딸기는 몇 kg일까요?

생각하며 푼다!

(남은 딸기의 양)

=(딴 딸기의 양)−(_____)

$$= \boxed{} - \boxed{} = \boxed{} \text{(kg)}$$

답 _____

 속닥속닥

문제에서 수는 ○,
조건 또는 구하는 것은 ＿로
표시해 보세요.

자연수는 자연수끼리,
분수는 분수끼리
빼야지.

1. 꽃밭의 가로는 $8\frac{6}{7}$ m이고 세로는 가로보다 $6\frac{2}{7}$ m 더 짧습니다. 꽃밭의 세로는 몇 m일까요?

🐭 속닥속닥

문제에서 수는 ○,
조건 또는 구하는 것은 ___로
표시해 보세요.

> 생각하며 푼다!
>
> (꽃밭의 세로)=(꽃밭의 가로)−(더 짧은 길이)
>
> $=$ ☐ $-$ ☐ $=$ ☐ (m)
>
> 답 _____

2. 시우의 몸무게는 $32\frac{10}{13}$ kg이고 민서의 몸무게는 시우의 몸무게보다 $2\frac{4}{13}$ kg 더 가볍습니다. 민서의 몸무게는 몇 kg일까요?

> 생각하며 푼다!
>
> (민서의 몸무게)=(☐ 의 몸무게)−(더 가벼운 무게)
>
> $=$ ☐ $-$ ☐ $=$ ☐ (kg)
>
> 답 _____

3. 민주는 주황색 끈을 $6\frac{13}{15}$ m 샀고 초록색 끈은 주황색 끈보다 $3\frac{5}{15}$ m 더 적게 샀습니다. 산 초록색 끈은 몇 m일까요?

「더 짧습니다」,
「더 가볍습니다」,
「더 적게 샀습니다」
이면 뺄셈을 하면 돼.

> 생각하며 푼다!
>
> (산 ☐ 끈의 길이)
>
> $=$(산 ☐ 끈의 길이)−(더 적게 산 길이)
>
> $=$ ☐ $-$ ☐ $=$ ☐ (m)
>
> 답 _____

1. 민경이는 분홍색 털실 $4\frac{5}{6}$ m와 검은색 털실 $\frac{22}{6}$ m를 가지

고 있습니다. <u>어느 색 털실이 몇 m 더 많을까요?</u>

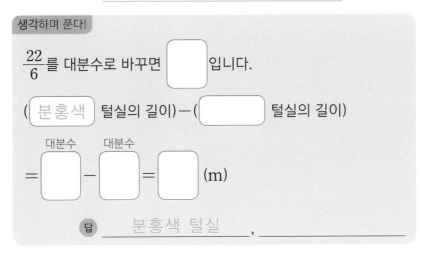

> **생각하며 푼다!**
>
> $\frac{22}{6}$ 를 대분수로 바꾸면 ☐ 입니다.
>
> (분홍색 털실의 길이) − (☐ 털실의 길이)
>
> 대분수 대분수
> = ☐ − ☐ = ☐ (m)
>
> 답 ___분홍색 털실___ , _____

2. 현서는 파이를 $3\frac{3}{8}$ 조각 먹고 효리는 $\frac{31}{8}$ 조각 먹었습니다.

누가 파이를 몇 조각 더 많이 먹었을까요?

> **생각하며 푼다!**
>
> $\frac{31}{8}$ 을 대분수로 바꾸면 ☐ 입니다.
>
> (☐ 가 먹은 파이 조각) − (☐ 가 먹은 파이 조각)
>
> = ☐ − ☐ = ☐ (조각)
>
> 답 _____ , _____

3. 준영이의 책가방의 무게는 $3\frac{9}{10}$ kg이고 민국이의 책가방

의 무게는 $\frac{36}{10}$ kg입니다. 누구의 책가방이 몇 kg 더 무거

울까요?

 답 _____ , _____

🐭 **속닥속닥**

문제에서 수는 ◯,
조건 또는 구하는 것은 __로
표시해 보세요.

1. 가분수를 대분수로 바꾸
   어 대분수끼리의 뺄셈을
   해요.
   $\frac{6}{6}$=1이므로 $\frac{22}{6}$=☐$\frac{□}{6}$

2. $\frac{31}{8}$ 을 대분수로 바꾼 다
   음 뺄셈을 해요.
   $\frac{31}{8}$=☐$\frac{□}{8}$

3. $\frac{36}{10}$ 을 대분수로 바꾼 다
   음 뺄셈을 해요.
   $\frac{36}{10}$=☐$\frac{□}{10}$

1. 제자리멀리뛰기를 종수는 ②m 뛰었고 찬호는 $1\frac{5}{14}$ m 뛰

대표문제 었습니다. 종수는 찬호보다 몇 m 더 뛰었을까요?

생각하며 푼다!

(종수 가 뛴 거리) − (⬚ 가 뛴 거리)

$$= 2 - \boxed{} = 1\frac{14}{14} - \boxed{} = \boxed{} \text{ (m)}$$

답 _____

2. 직사각형 모양의 창문의 가로는 4 m이고 세로는 $2\frac{6}{7}$ m입

니다. 창문의 가로는 세로보다 몇 m 더 길까요?

생각하며 푼다!

(창문의 가로) − (창문의 ⬚)

$$= \boxed{} - \boxed{} = \boxed{} - \boxed{} = \boxed{} \text{ (m)}$$

답 _____

3. 감나무의 높이는 $8\frac{3}{11}$ m이고 사과나무의 높이는 10 m입

니다. 사과나무는 감나무보다 몇 m 더 높을까요?

생각하며 푼다!

(⬚ 의 높이) − (⬚ 의 높이)

$$= \boxed{} - \boxed{} = \boxed{} - \boxed{} = \boxed{} \text{ (m)}$$

답 _____

🐻 속닥속닥

문제에서 수는 ◯,
조건 또는 구하는 것은 ＿로
표시해 보세요.

1. 자연수에서 1만큼을 분수
로 바꾸어 대분수의 뺄셈
을 해요.
분모가 14일 때 2는 $1\frac{14}{14}$
로 바꿀 수 있어요.

2. $4 = 3\frac{\square}{7}$

3. $10 = 9\frac{\square}{11}$

1. 정환이는 길이가 ④ m인 철사 중 $1\frac{1}{6}$ m를 잘라서 친구에게 빌려 주었습니다. <u>남은 철사는 몇 m일까요?</u>

생각하며 푼다!

(남은 철사의 길이)
= (처음에 있던 철사의 길이) − (빌려 준 철사의 길이)

$= \boxed{4} - \boxed{} = \boxed{3\frac{6}{6}} - \boxed{} = \boxed{}$ (m)

답 _____

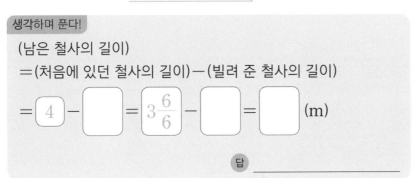

2. 수정이는 길이가 10 m인 비닐끈 중 $\frac{23}{9}$ m를 상자를 묶는 데 사용하였습니다. 남은 비닐끈은 몇 m일까요?

생각하며 푼다!

$\frac{23}{9}$ 을 대분수로 바꾸면 $\boxed{}$ 입니다.

(남은 비닐끈의 길이)
= (처음에 있던 비닐끈의 길이) − (사용한 비닐끈의 길이)

$= \boxed{10} - \boxed{} = \boxed{} - \boxed{} = \boxed{}$ (m)

답 _____

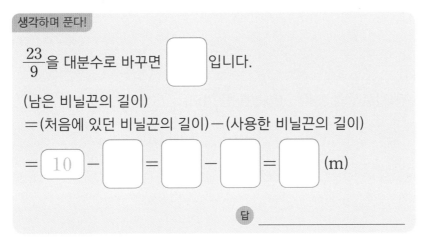

3. 5 kg짜리 사과 한 상자를 사서 이웃에 $3\frac{5}{12}$ kg을 나누어 주었습니다. 남은 사과는 몇 kg일까요?

생각하며 푼다!

(남은 사과의 무게)
= (산 사과의 무게) − (이웃에 나누어 준 사과의 무게)

$= \boxed{} - \boxed{} = \boxed{} - \boxed{} = \boxed{}$ (kg)

답 _____

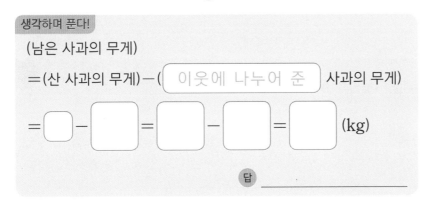

속닥속닥

문제에서 수는 ○,
조건 또는 구하는 것은 __로
표시해 보세요.

1. 자연수에서 1만큼을 분수로 바꾸어 대분수의 뺄셈을 해요.
분모가 6일 때 4는 $3\frac{6}{6}$ 으로 바꿀 수 있어요.

2. $\frac{23}{9}$ 을 대분수로 바꾸지 않고 자연수 10을 분모가 9인 가분수로 바꾸어 가분수의 뺄셈을 하는 방법도 있어요.
→ $10 - \frac{23}{9} = \frac{90}{9} - \frac{23}{9}$

3. $5 = 4\frac{12}{12}$

1. 우유 ③L 중에서 $2\frac{3}{4}$ L는 빵을 만드는 데 사용하고 나머지는 마셨습니다. 마신 우유는 몇 L일까요?

생각하며 푼다!

(마신 우유의 양)

= (처음에 있던 우유의 양) − (빵을 만드는 데 사용한 우유의 양)

= ☐ − ☐ = ☐ − ☐ = ☐ (L)

답 ＿＿＿＿＿＿＿＿＿＿

2. 현수는 집에서 12 km 떨어진 도서관까지 가는데 $7\frac{5}{14}$ km 는 버스를 타고 나머지는 걸어갔습니다. 현수가 걸어간 거리는 몇 km일까요?

생각하며 푼다!

(현수가 걸어간 거리)

= (현수네 집에서 도서관까지의 거리) − (버스를 탄 거리)

= ☐ − ☐ = ☐ − ☐ = ☐ (km)

답 ＿＿＿＿＿＿＿＿＿＿

3. 유경이가 옷을 입고 몸무게를 재었더니 29 kg이었고 옷만의 무게를 재었더니 $\frac{10}{13}$ kg이었습니다. 유경이의 몸무게는 몇 kg일까요?

생각하며 푼다!

(유경이의 몸무게)

= (옷을 입고 잰 무게) − (옷만의 무게)

= ☐ − ☐ = ☐ ▭ − ▭ (kg)

답 ＿＿＿＿＿＿＿＿＿＿

 속닥속닥

문제에서 수는 ○, 조건 또는 구하는 것은 ＿＿로 표시해 보세요.

1. 자연수를 대분수로 바꾸어 계산해 보세요.

→ $3 = 2\frac{4}{4}$

2. $12 = 11\frac{14}{14}$

3. $29 = 28\frac{13}{13}$

1만큼을 분수로 바꾸면 분모와 분자를 같은 수로 바꾸어 주면 돼.

$1 = \frac{5}{5} = \frac{10}{10} = \frac{13}{13}$

1. 밀가루가 ④kg 있습니다. 빵 한 개를 만드는 데 밀가루가

$\frac{3}{8}$ kg 필요합니다. 빵 ③개를 만들고 남은 밀가루는 몇 kg일

까요?

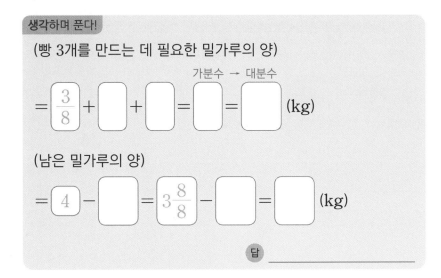

생각하며 푼다!

(빵 3개를 만드는 데 필요한 밀가루의 양)

가분수 → 대분수

$= \dfrac{3}{8} + \boxed{} + \boxed{} = \boxed{} = \boxed{}$ (kg)

(남은 밀가루의 양)

$= \boxed{4} - \boxed{} = 3\dfrac{8}{8} - \boxed{} = \boxed{}$ (kg)

답 ＿＿＿＿＿＿＿＿＿＿

🐭 속닥속닥

문제에서 수는 ○,
조건 또는 구하는 것은 ＿로
표시해 보세요.

1. 세 분수를 한 번에 더할
때는 분모는 그대로이므
로 분자끼리의 합을 구하
면 돼요.

분모는 더하지
않아야 해.

2. 끈이 10 m 있습니다. 상자 한 개를 포장하는 데 끈이 $\dfrac{4}{5}$ m

필요합니다. 상자 2개를 묶고 남은 끈은 몇 m일까요?

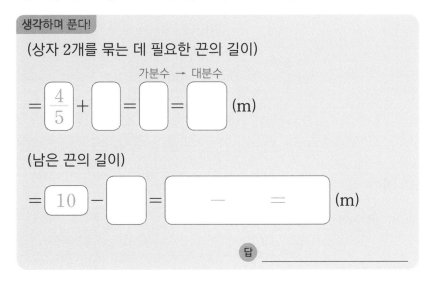

생각하며 푼다!

(상자 2개를 묶는 데 필요한 끈의 길이)

가분수 → 대분수

$= \dfrac{4}{5} + \boxed{} = \boxed{} = \boxed{}$ (m)

(남은 끈의 길이)

$= \boxed{10} - \boxed{} = \boxed{ - } = $ (m)

답 ＿＿＿＿＿＿＿＿＿＿

분수의 덧셈을 하여
가분수가 나오면
답은 꼭 대분수로
나타내야지.

06. 받아내림이 있는 대분수의 뺄셈 문장제

1. 어떤 수에서 $2\frac{4}{5}$를 빼야 할 것을 잘못하여 더했더니 $6\frac{1}{5}$이

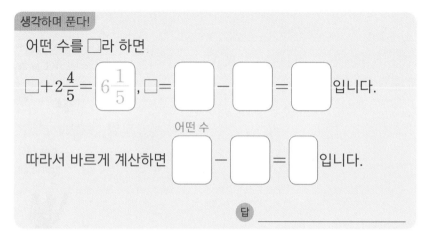

되었습니다. 바르게 계산하면 얼마일까요?

> **생각하며 푼다!**
>
> 어떤 수를 □라 하면
>
> $$□ + 2\frac{4}{5} = \boxed{6\frac{1}{5}}, □ = \boxed{} - \boxed{} = \boxed{} \text{입니다.}$$
>
> 어떤 수
> 따라서 바르게 계산하면 $\boxed{} - \boxed{} = \boxed{}$ 입니다.
>
> 답 _____

2. 어떤 수에서 $1\frac{5}{8}$를 빼야 할 것을 잘못하여 더했더니 $7\frac{1}{8}$이

되었습니다. 바르게 계산하면 얼마일까요?

> **생각하며 푼다!**
>
> 어떤 수를 □라 하면
>
> $$□ + \boxed{1\frac{5}{8}} = \boxed{}, □ = \boxed{} - \boxed{} = \boxed{} \text{입니다.}$$
>
> 어떤 수
> 따라서 바르게 계산하면 $\boxed{} - \boxed{} = \boxed{}$ 입니다.
>
> 답 _____

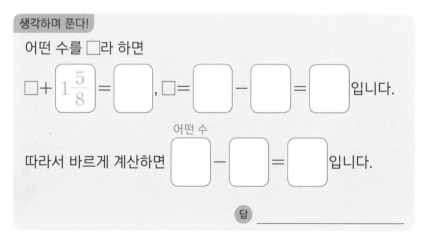

3. 어떤 수에서 $3\frac{9}{11}$를 빼야 할 것을 잘못하여 더했더니 $9\frac{4}{11}$

가 되었습니다. 바르게 계산하면 얼마일까요?

_____

1. 할아버지 댁에 가는 데 $2\frac{1}{3}$ 시간은 기차를 타고 $\frac{5}{3}$ 시간은 버스를 탔습니다. 어느 것을 타는 데 몇 시간 더 걸렸을까요?

대표문제

> **생각하며 푼다!**
>
> $\frac{5}{3}$ 를 대분수로 바꾸면 ☐ 입니다.
>
> (기차 를 탄 시간) − (☐ 를 탄 시간)
>
> $= 2\frac{1}{3} - $ ☐ $=$ ☐ (시간)
>
> 답 ＿＿＿＿＿＿＿ , ＿＿＿＿＿＿＿＿＿

2. 사과를 현지는 $\frac{29}{6}$ kg 땄고 명수는 $5\frac{1}{6}$ kg 땄습니다. 누가 사과를 몇 kg 더 많이 땄을까요?

> **생각하며 푼다!**
>
> $\frac{29}{6}$ 를 대분수로 바꾸면 ☐ 입니다.
>
> (☐ 가 딴 사과의 무게) − (☐ 가 딴 사과의 무게)
>
> $=$ ☐ $-$ ☐ $=$ ☐ (kg)
>
> 답 ＿＿＿＿＿＿＿ , ＿＿＿＿＿＿＿＿＿

3. 철사 $2\frac{4}{7}$ m로 강아지 모양을 만들고 $\frac{22}{7}$ m로 코끼리 모양을 만들었습니다. 어느 모양을 만드는 데 철사를 몇 m 더 많이 사용하였을까요?

＿＿＿＿＿＿＿ , ＿＿＿＿＿＿＿＿＿

🐭 **속닥속닥**

문제에서 수는 ◯,
조건 또는 구하는 것은 ＿로 표시해 보세요.

1. 가분수를 대분수로 바꾸어 대분수의 뺄셈을 하거나 대분수를 가분수로 바꾸어 가분수의 뺄셈을 해요.

2. $\frac{29}{6} = 4\frac{5}{6}$

3. $\frac{22}{7} = 3\frac{1}{7}$

1. 지우네 가족은 물을 어제는 $4\frac{5}{9}$ L 마시고 오늘은 어제보다

$1\frac{8}{9}$ L 적게 마셨습니다. 이틀 동안 마신 물은 모두 몇 L일까요?

속닥속닥

문제에서 수는 ○,
조건 또는 구하는 것은 ___로
표시해 보세요.

생각하며 푼다!

(오늘 마신 물의 양)
=(어제 마신 물의 양)−(적게 마신 물의 양)

= ☐ − ☐ = ☐ (L)

(이틀 동안 마신 물의 양)
=(어제 마신 물의 양)+(오늘 마신 물의 양)

= ☐ + ☐ = ☐ (L)

답 _____

2. 사과 $2\frac{4}{12}$ kg과 배 $4\frac{11}{12}$ kg을 한 상자에 넣어 무게를 재었

더니 $9\frac{2}{12}$ kg이었습니다. 상자만의 무게는 몇 kg일까요?

생각하며 푼다!

(사과와 배의 무게)=(사과의 무게)+(배의 무게)

= ☐ + ☐ = ☐ (kg)

(상자만의 무게)=(전체 무게)−(사과와 배의 무게)

= ☐ − ☐ = ☐ (kg)

답 _____

1. 길이가 각각 $5\frac{3}{4}$ cm, $3\frac{2}{4}$ cm인 2개의 색 테이프를 겹쳐서

한 줄로 이어 붙였더니 그 길이가 $7\frac{3}{4}$ cm였습니다. 겹쳐진

부분의 길이는 몇 cm일까요?

> 🐭 속닥속닥
>
> 문제에서 수는 ○,
> 조건 또는 구하는 것은 ___로
> 표시해 보세요.
>
> 1. 겹쳐진 부분의 길이는
>   2개의 색 테이프의 길이
>   의 합에서 이은 색 테이
>   프의 길이를 빼면 돼요.
>
> $5\frac{3}{4}$ cm $3\frac{2}{4}$ cm
>
> ↑
> 겹쳐진 부분의 길이

생각하며 푼다!

(2개의 색 테이프의 길이의 합)

$= \boxed{5\frac{3}{4}} + \boxed{} = \boxed{}$ (cm)

(겹쳐진 부분의 길이)
=(2개의 색 테이프의 길이의 합)−(이은 색 테이프의 길이)

$= \boxed{} - \boxed{} = \boxed{}$ (cm)

답 _____

2. 길이가 각각 $3\frac{6}{7}$ m, $1\frac{4}{7}$ m인 두 끈을 한 번 묶은 후 길이를

재었더니 $4\frac{5}{7}$ m였습니다. 두 끈을 묶은 후의 길이는 묶기

전의 길이의 합보다 몇 m 줄었을까요?

생각하며 푼다!

(묶기 전의 두 끈의 길이의 합)

$= \boxed{3\frac{6}{7}} + \boxed{} = \boxed{}$ (m)

(줄어든 길이)
=(묶기 전의 두 끈의 길이의 합)−(두 끈을 묶은 후의 길이)

$= \boxed{} - \boxed{} = \boxed{}$ (m)

답 _____

점수 / 100
한 문항당 10점

1. 경석이는 감자를 $\frac{5}{8}$ kg 캤고, 현동이는 $\frac{6}{8}$ kg 캤습니다. 경석이와 현동이가 캔 감자는 모두 몇 kg일까요?

(   )

2. $\frac{7}{9}$ kg의 딸기가 있습니다. 이 중에서 $\frac{2}{9}$ kg을 먹었다면 남은 딸기는 몇 kg일까요?

(   )

3. 직사각형의 가로와 세로의 길이의 합은 몇 m일까요?

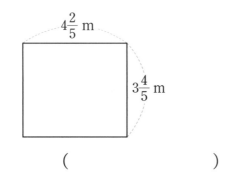

$4\frac{2}{5}$ m

$3\frac{4}{5}$ m

(   )

4. 학교에서 문구점까지는 $\frac{4}{13}$ km이고 문구점에서 도서관까지는 $2\frac{10}{13}$ km입니다. 학교에서 문구점을 거쳐 도서관까지의 거리는 몇 km일까요?

(   )

5. 와플을 진아는 $\frac{21}{4}$ 조각 먹고 연서는 $4\frac{2}{4}$ 조각 먹었습니다. 누가 와플을 몇 조각 더 많이 먹었을까요?

(   ), (   )

6. 길이가 6 m인 리본 끈 중 $\frac{11}{9}$ m를 선물을 포장하는 데 사용하였습니다. 남은 리본 끈은 몇 m일까요?

(   )

7. 어떤 수에서 $1\frac{8}{12}$ 을 빼야 할 것을 잘못하여 더했더니 $6\frac{1}{12}$ 이 되었습니다. 바르게 계산하면 얼마일까요? (20점)

(   )

8. 길이가 각각 $4\frac{6}{7}$ cm, $4\frac{3}{7}$ cm인 2개의 색 테이프를 겹쳐서 한 줄로 이어 붙였더니 그 길이가 $8\frac{5}{7}$ cm였습니다. 겹쳐진 부분의 길이는 몇 cm일까요? (20점)

(   )

둘째 마당

나 혼자 풀이 과정을 완성하는

삼각형

둘째 마당에서는 **삼각형을 이용한 문장제**를 배웁니다.
삼각형은 변의 길이와 각의 크기에 따라 이름을 정한답니다.
삼각형의 특징을 생각하며 문제를 풀어 보세요.

두 변의 길이가 같으면 이등변삼각형,
세 변의 길이가 같으면 정삼각형이에요.

1. 이등변삼각형에 대한 설명입니다. 밑줄 친 부분에 알맞게 쓰세요.

🐭 삼각형을 변의 길이에 따라 분류하면
이등변삼각형과 정삼각형으로 구분할 수 있어요.

두 변의 길이가 같은 삼각형을 이등변삼각형이라고 합니다.

길이가 같은변

길이가 같은변

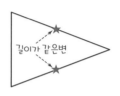
길이가 같은변

(1) 두 변의 길이가 같은 삼각형을 ____이등변삼각형____ 이라고 합니다.

(2) 이등변삼각형은 ____두 변의 길이____가 같은 삼각형입니다.

2. 다음 도형은 이등변삼각형입니다. ☐ 안에 알맞은 수를 써넣으세요.

이등변삼각형은 두 변의 길이가 같습니다.

3 cm   3 cm

5 cm

🐭 두 변의 길이가 각각
3 cm, 3 cm로 같으니까
이등변삼각형이에요.

(1)
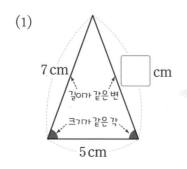
7 cm   ☐ cm
길이가 같은 변
크기가 같은 각
5 cm

🐭 이등변삼각형에서
길이가 같은 변을
찾을 때에는
크기가 같은 각의
위치를 살펴보세요.

(2)
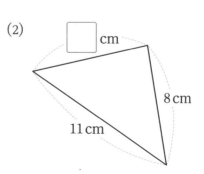
☐ cm
8 cm
11 cm

1. 정삼각형에 대한 설명입니다. 밑줄 친 부분에 알맞게 쓰세요.

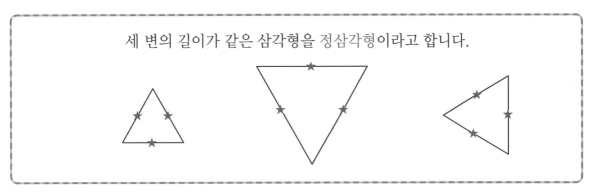

세 변의 길이가 같은 삼각형을 정삼각형이라고 합니다.

(1) 세 변의 길이가 같은 삼각형을 ___정삼각형___ 이라고 합니다.

(2) 정삼각형은 _____가 같은 삼각형입니다.

2. 다음 도형은 정삼각형입니다. ☐ 안에 알맞은 수를 써넣으세요.

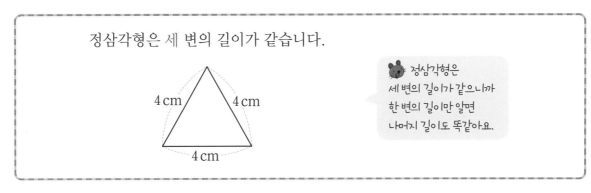

정삼각형은 세 변의 길이가 같습니다.

4 cm 4 cm
4 cm

🐭 정삼각형은 세 변의 길이가 같으니까 한 변의 길이만 알면 나머지 길이도 똑같아요.

(1)
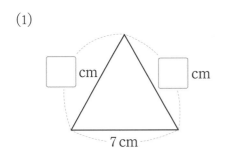

☐ cm ☐ cm
7 cm

(2)
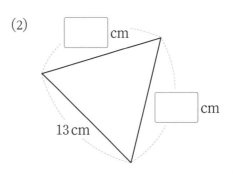

☐ cm
☐ cm
13 cm

1. 오른쪽과 같이 세 변의 길이의 합이 24 cm인 이등변삼각형이 있습니다. 이 삼각형의 한 변의 길이가 7 cm일 때 ㉠의 길이는 몇 cm일까요?

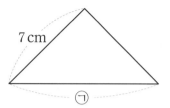

7 cm

㉠

생각하며 푼다!

이등변삼각형의 [두] 변의 길이는 같으므로 다른 한 변의 길이도 [ ] cm입니다.

따라서 ㉠의 길이는 24 − [ ] − [ ] = [ ] (cm)입니다.

답 _____

2. 오른쪽과 같이 세 변의 길이의 합이 16 cm인 이등변삼각형이 있습니다. 이 삼각형의 한 변의 길이가 6 cm일 때 ㉠의 길이는 몇 cm일까요?

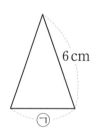

6 cm

㉠

_____

3. 오른쪽과 같이 세 변의 길이의 합이 18 cm인 이등변삼각형이 있습니다. 이 삼각형의 한 변의 길이가 8 cm일 때 ㉠의 길이는 몇 cm일까요?

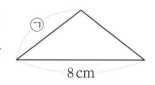

㉠

8 cm

생각하며 푼다!

이등변삼각형의 [두] 변의 길이는 같으므로 다른 한 변의 길이도 [ ]의 길이와 같습니다.

따라서 ㉠+㉠+8 cm= [ ] cm, ㉠+㉠= [ ] cm, ㉠= [ ] cm입니다.

답 _____

1. 한 변의 길이가 6 cm인 정삼각형의 세 변의 길이의 합은 몇 cm일까요?

생각하며 푼다!

정삼각형은 ⬚ 변의 길이가 같으므로 세 변의 길이의 합은 한 변의 길이의 ⬚배와 같습니다.

(세 변의 길이의 합)=(한 변의 길이)× ⬚

　　　　　　　=6× ⬚ = ⬚ (cm)

답 ＿＿＿＿＿＿＿＿＿＿

2. 한 변의 길이가 11 cm인 정삼각형의 세 변의 길이의 합은 몇 cm일까요?

(정삼각형의 세 변의 길이의 합)
=(한 변의 길이)×3

＿＿＿＿＿＿＿＿＿＿

3. 길이가 36 cm인 철사를 남기거나 겹치는 부분이 없도록 구부려서 정삼각형을 한 개 만들었습니다. 만든 정삼각형의 한 변의 길이는 몇 cm일까요?

생각하며 푼다!

정삼각형은 ⬚ 변의 길이가 같으므로 한 변의 길이는 전체 철사의 길이를 ⬚으로 나눈 것과 같습니다.

(한 변의 길이)=(철사의 길이)÷ ⬚

　　　　　　　=36÷ ⬚ = ⬚ (cm)

답 ＿＿＿＿＿＿＿＿＿＿

4. 길이가 24 cm인 철사를 남기거나 겹치는 부분이 없도록 구부려서 정삼각형을 한 개 만들었습니다. 만든 정삼각형의 한 변의 길이는 몇 cm일까요?

(정삼각형의 한 변의 길이)
=(세 변의 길이의 합)÷3

＿＿＿＿＿＿＿＿＿＿

08. 이등변삼각형의 성질, 정삼각형의 성질

1. 다음 도형은 이등변삼각형입니다. 그 이유를 따라 쓰세요.

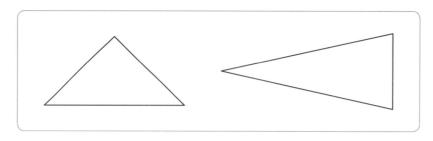

이유1 두 변의 길이가 같기 때문에 이등변삼각형입니다.

따라쓰기 두 변의 _____ 때문에 이등변삼각형입니다.

이유2 두 각의 크기가 같기 때문에 이등변삼각형입니다.

따라쓰기 두 각의 _____

2. 다음 도형은 이등변삼각형입니다. ☐ 안에 알맞은 수를 써넣으세요.

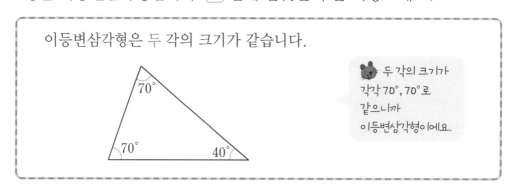

이등변삼각형은 두 각의 크기가 같습니다.

🐭 두 각의 크기가 각각 70°, 70°로 같으니까 이등변삼각형이에요.

🐭 이등변삼각형에서 어느 각이 서로 크기가 같은지 알아보세요.

(1)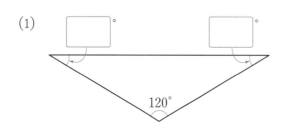

(2)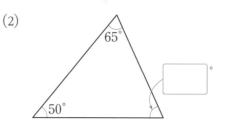

★ 다음 도형이 이등변삼각형인지 아닌지 설명하려고 합니다. 문장을 완성해 보세요.

1.

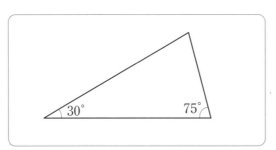

설명 나머지 한 각의 크기가 $180° - 30° - \boxed{}° = \boxed{}°$이므로 크기가 같은 두

각이 (있습니다 , 없습니다). 따라서 이등변삼각형(입니다 , 이 아닙니다).

2.

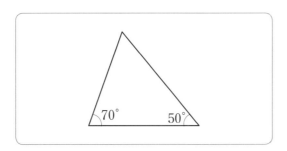

설명 나머지 한 각의 크기가 $\boxed{}° - 70° - \boxed{}° = \boxed{}°$이므로 크기가 같은

두 각이 (있습니다 , 없습니다). 따라서 이등변삼각형(입니다 , 이 아닙니다).

3.

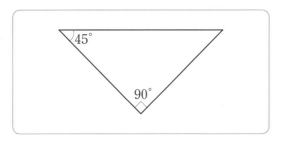

설명 나머지 한 각의 크기가 _____

_____

1. 다음 도형은 정삼각형입니다. 그 이유를 따라 쓰세요.

이유1 세 변의 길이가 같기 때문에 정삼각형입니다.

따라쓰기 세 변의 _____ 때문에 정삼각형입니다.

이유2 세 각의 크기가 같기 때문에 정삼각형입니다.

따라쓰기 _____

2. 다음 도형은 정삼각형입니다. ☐ 안에 알맞은 수를 써넣으세요.

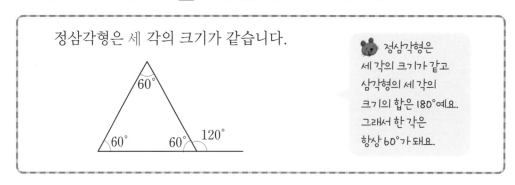

정삼각형은 세 각의 크기가 같습니다.

🐭 정삼각형은 세 각의 크기가 같고 삼각형의 세 각의 크기의 합은 180°예요. 그래서 한 각은 항상 60°가 돼요.

(1)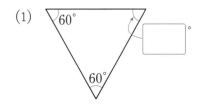

(2)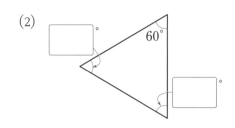

1. 정삼각형 2개를 이어 붙여서 만든 것입니다. ㉠의 크기는 몇 도일까요?

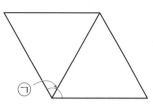

생각하며 푼다!

정삼각형의 한 각의 크기는 [ ]°이므로

㉠의 크기는 [ ]° + [ ]° = [ ]°입니다.

답 _____

2. 정삼각형 2개를 이어 붙여서 만든 것입니다. ㉠의 크기는 몇 도일까요?

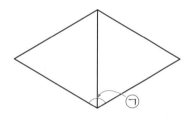

_____

3. 두 도형은 정삼각형입니다. ㉠과 ㉡의 크기는 각각 몇 도일까요?

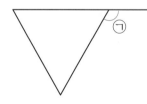
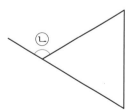

생각하며 푼다!

정삼각형의 한 각의 크기는 [ ]°이므로

㉠의 크기는 180° − [ ]° = [ ]°,

㉡의 크기는 [ ]° − [ ]° = [ ]°입니다.

답 ㉠ _____, ㉡ _____

09. 각의 크기에 따라 삼각형을 분류하기

1. 예각삼각형에 대한 설명입니다. 밑줄 친 부분에 알맞게 쓰세요.

삼각형을 각의 크기에 따라 분류하면 예각삼각형과 둔각삼각형으로 구분할 수 있어요.

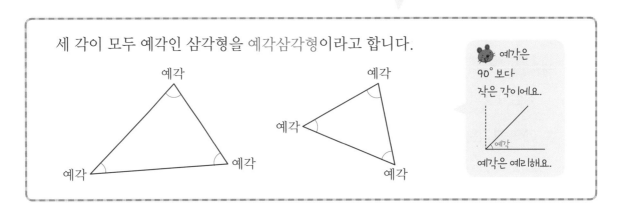

(1) 세 각이 모두 예각인 삼각형을 ＿＿＿예각삼각형＿＿＿ 이라고 합니다.

(2) 예각삼각형은 세 각이 모두 ＿＿＿＿＿＿＿인 삼각형입니다.

2. 둔각삼각형에 대한 설명입니다. 밑줄 친 부분에 알맞게 쓰세요.

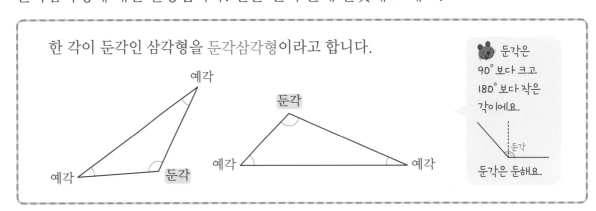

(1) 한 각이 둔각인 삼각형을 ＿＿＿둔각삼각형＿＿＿ 이라고 합니다.

(2) 둔각삼각형은 한 각이 ＿＿＿＿＿＿인 삼각형입니다.

⭐ 예각삼각형, 둔각삼각형, 직각삼각형 중 찾아서 삼각형의 이름을 쓰고 그 이유를 따라 쓰세요.

1.

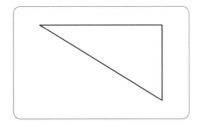

삼각형의 이름 _____

이유 한 각이 직각이고 나머지 두 각이 예각이기 때문입니다.

따라쓰기 _____

2.

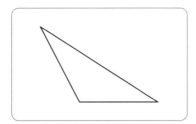

삼각형의 이름 _____

이유 한 각이 둔각이고 나머지 두 각이 예각이기 때문입니다.

따라쓰기 _____

🐭 이것만은 꼭 기억해요!
둔각삼각형은 한 각이 둔각이고,
예각삼각형은 세 각이 모두 예각이에요.

3.

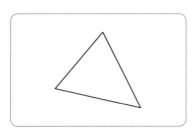

삼각형의 이름 _____

이유 세 각이 모두 예각이기 때문입니다.

따라쓰기 _____

☆ 점선을 따라 색종이를 잘랐습니다. ☐ 안에 직각삼각형이면 '직', 예각삼각형이면 '예', 둔각삼각형이면 '둔'으로 써넣으세요.

🐭 예각인지 둔각인지 눈으로 확인하기 어려우면 직각과 비교해서 직각(90°)보다 작은지 또는 큰지로 구분하면 쉬워요.

1.
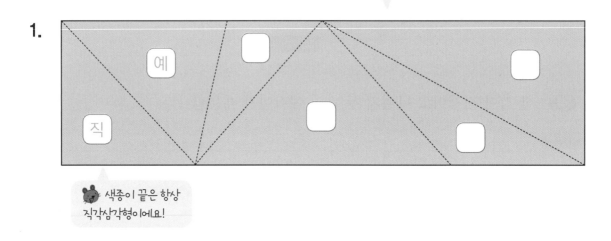

🐭 색종이 끝은 항상 직각삼각형이에요!

2.
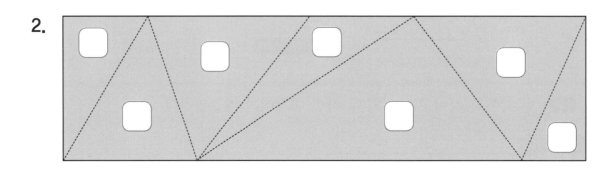

3.
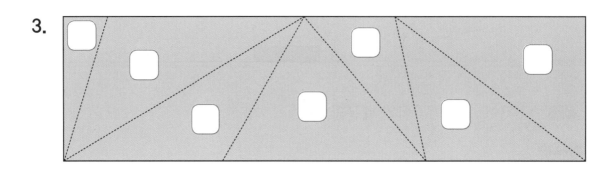

☆ 다음 설명이 맞는지 틀리는지 판단하여 ○표 하고 그 이유를 따라 쓰세요.

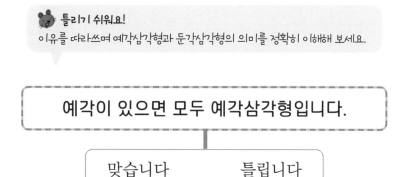

🐭 **틀리기 쉬워요!**
이유를 따라쓰며 예각삼각형과 둔각삼각형의 의미를 정확히 이해해 보세요.

1.

┌─────────────────────────────────────┐
│   예각이 있으면 모두 예각삼각형입니다.   │
└─────────────────────────────────────┘
                    │
        ┌───────────────────────────┐
        │   맞습니다   틀립니다   │
        └───────────────────────────┘

이유 둔각삼각형과 직각삼각형에도 예각이 있기 때문에 세 각이 모두 예각이어야 예각삼각형입니다.

따라쓰기 둔각삼각형과 _____

_____

2.

┌─────────────────────────────────────┐
│   둔각삼각형은 세 각이 모두 둔각입니다.   │
└─────────────────────────────────────┘
                    │
        ┌───────────────────────────┐
        │   맞습니다   틀립니다   │
        └───────────────────────────┘

이유 둔각삼각형은 세 각 중 한 각만 둔각이고 나머지 두 각은 예각이기 때문입니다.

따라쓰기 둔각삼각형은 _____

_____

⭐ ☐ 안에 알맞은 말을 써넣고, 아래 삼각형을 보고 알맞은 것끼리 이어 보세요.

> 삼각형은 [변]의 길이에 따라, [각]의 크기에 따라 이름을 정할 수 있어요.
>
> 삼각형은 변의 길이에 따라 [   ] 삼각형과 [ ] 삼각형으로 이름을 정해요.
>
> 각의 크기에 따라 예각삼각형, [   ] 삼각형, 직각삼각형으로 이름을 정해요.

두 변의 길이가 같아요.   한 각이 둔각이에요.

1.

이등변삼각형

정삼각형

예각삼각형

둔각삼각형

직각삼각형

2.

이등변삼각형

정삼각형

예각삼각형

둔각삼각형

직각삼각형

3.

이등변삼각형

정삼각형

예각삼각형

둔각삼각형

직각삼각형

⭐ 도형을 보고 ☐ 안에 알맞은 삼각형 이름을 써넣으세요.

1.

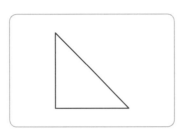

(1) 두 변의 길이가 같기 때문에 [이등변삼각형] 입니다.

(2) 두 각의 크기가 같기 때문에 [   ] 입니다.

(3) 한 각이 직각이고 나머지 두 각이 예각이기 때문에 [   ] 입니다.

2.

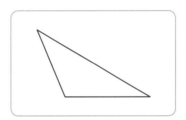

(1) 두 변의 길이가 같기 때문에 [   ] 입니다.

(2) 두 각의 크기가 같기 때문에 [   ] 입니다.

(3) 한 각이 둔각이고 나머지 두 각이 예각이기 때문에 [   ] 입니다.

3.

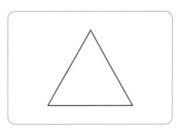

(1) 두 변의 길이가 같기 때문에 [   ] 입니다.

(2) 세 변의 길이가 같기 때문에 [   ] 입니다.

(3) 세 각이 모두 예각이기 때문에 [   ] 입니다.

⭐ 삼각형의 일부가 지워졌습니다. 삼각형의 이름이 될 수 있는 것을 모두 찾아 ○표 하세요.

🐭 삼각형의 세 각의 합은 180°임을 이용하여 나머지 한 각의 크기를 구한 후 어떤 삼각형인지 찾아 보세요.

1.
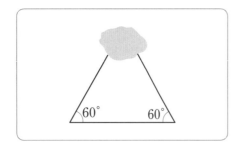

직각삼각형　　　이등변삼각형

둔각삼각형　　　정삼각형　　　예각삼각형

2.
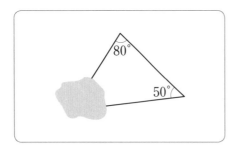

직각삼각형　　　이등변삼각형

둔각삼각형　　　정삼각형　　　예각삼각형

3.
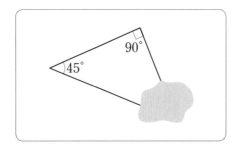

직각삼각형　　　이등변삼각형

둔각삼각형　　　정삼각형　　　예각삼각형

4.
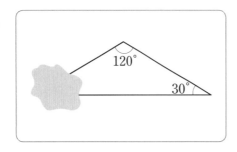

직각삼각형　　　이등변삼각형

둔각삼각형　　　정삼각형　　　예각삼각형

☆ 보기 와 같이 도형을 설명해 보세요.

 보기

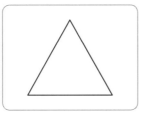

❶ ____세 변의 길이가 같습니다.____ ➡ ____정삼각형____

❷ ____세 각이 모두 예각입니다.____ ➡ ____예각삼각형____

1.

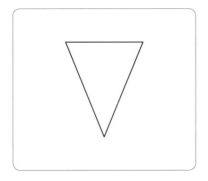

❶ 두 변의 _____

   ➡ _____

❷ 세 각이 _____

   ➡ _____

2.

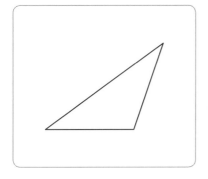

❶ 두 변의 _____

   ➡ _____

❷ 한 각이 _____

   ➡ _____

3.

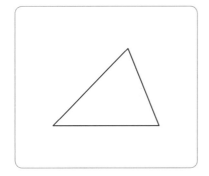

❶ _____

   ➡ _____

❷ _____

   ➡ _____

점수 /100
한 문항당 10점

1. 세 변의 길이의 합이 20 cm인 이등변삼각형이 있습니다. ㉠의 길이는 몇 cm일까요?

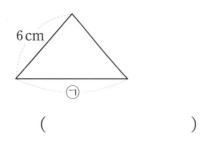

6 cm
㉠

(　　　　　　)

2. 길이가 45 cm인 철사를 남기거나 겹치는 부분이 없도록 구부려서 정삼각형을 한 개 만들었습니다. 만든 정삼각형의 한 변의 길이는 몇 cm일까요?

(　　　　　　)

3. 이등변삼각형에서 ☐ 안에 알맞은 수를 써넣으세요.

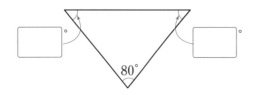

80°

4. 정삼각형에서 ☐ 안에 알맞은 수를 써넣으세요.

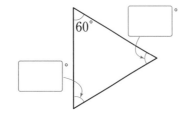

60°

5. 정삼각형에서 ㉠의 크기를 구하세요.

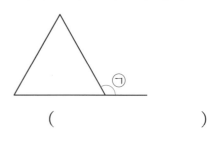

㉠

(　　　　　　)

6. 둔각삼각형이란 어떤 삼각형을 말하는지 쓰세요.

_____

7. 예각삼각형, 둔각삼각형, 직각삼각형 중 찾아서 오른쪽 삼각형의 이름을 쓰고 그 이유를 쓰세요. (20점)

삼각형의 이름 _____

이유 _____

_____

8. 오른쪽 삼각형의 이름이 될 수 있는 것을 모두 쓰세요. (20점)

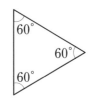

60°
60°
60°

_____

셋째 마당

나 혼자 풀이 과정을 완성하는
소수의 덧셈과 뺄셈

셋째 마당에서는 **소수의 덧셈과 뺄셈을 이용한 문장제**를 배웁니다.
소수의 계산은 소수점의 위치를 맞추어 계산하는 것이 중요해요.
소수점의 위치를 맞춘 다음 문제를 풀어 보세요.

소수점만 잘 맞추면 자연수의
계산처럼 쉽게 풀 수 있어요!

⭐ 수를 보고 ☐ 안에 알맞은 수나 말을 써넣으세요.

1. ┌─ 2.85 ─┐

┌─→ 일의 자리
2.8 5
소수 첫째 ←┘   └→ 소수 둘째
자리   자리
'이 점 팔오'라고 읽어요.

(1) 2는 ☐일☐ 의 자리 숫자이고, ☐ 를 나타냅니다.

(2) 8은 ☐소수 첫째☐ 자리 숫자이고 ☐0.8☐ 을 나타냅니다.

(3) 5는 ☐ 자리 숫자이고 ☐ 를 나타냅니다.

2. ┌─ 6.347 ─┐

(1) 6은 ☐ 의 자리 숫자이고, ☐ 을 나타냅니다.

(2) 3은 ☐ 자리 숫자이고 ☐ 을 나타냅니다.

(3) 4는 ☐ 자리 숫자이고 ☐ 를 나타냅니다.

(4) 7은 ☐ 자리 숫자이고 ☐ 을 나타냅니다.

3. ┌─ 7.378 ─┐
         ㉠ ㉡

(1) ㉠은 ☐ 을, ㉡은 ☐ 을 나타냅니다.

같은 숫자라도 어느 자리에 있느냐에 따라 나타내는 수가 달라져요.

(2) ㉠이 나타내는 수는 ㉡이 나타내는 수의 ☐ 배입니다.

4. ┌─ 42.612 ─┐
          ㉠ ㉡

(1) ㉠은 ☐ 를, ㉡은 ☐ 를 나타냅니다.

(2) ㉠이 나타내는 수는 ㉡이 나타내는 수의 ☐ 배입니다.

1. 1이 6개, 0.1이 3개, 0.01이 7개인 소수 두 자리 수를 쓰고 읽어 보세요.

쓰기 _____   읽기 ___육 점 삼 칠___

2. 10이 4개, 1이 9개, $\frac{1}{10}$이 2개, $\frac{1}{100}$이 5인 소수 두 자리 수를 쓰고 읽어 보세요.

쓰기 _____   읽기 _____

3. 일의 자리 숫자가 8, 소수 첫째 자리 숫자가 3, 소수 둘째 자리 숫자가 6, 소수 셋째 자리 숫자가 4인 소수 세 자리 수를 쓰고 읽어 보세요.

쓰기 _____   읽기 _____

★**4.** 0.001이 43, 0.01이 21, 0.1이 17인 소수 세 자리 수를 구하세요.

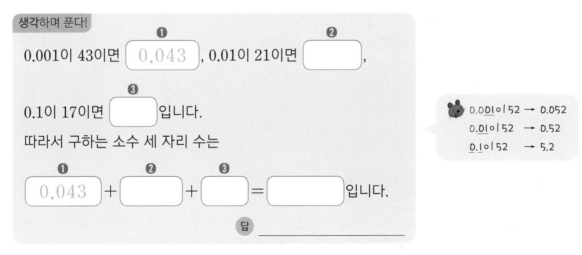

생각하며 푼다!

0.001이 43이면 ❶ [0.043], 0.01이 21이면 ❷ [   ],

0.1이 17이면 ❸ [   ]입니다.

따라서 구하는 소수 세 자리 수는

❶[0.043] + ❷[   ] + ❸[   ] = [   ]입니다.

답 _____

0.001이 52 → 0.052
0.01이 52 → 0.52
0.1이 52 → 5.2

5. 0.001이 25, 0.01이 15, 0.1이 43인 소수 세 자리 수를 구하세요.

_____

1. 카드를 한 번씩만 사용하여 소수 둘째 자리 숫자가 6인 가장 큰 소수 세 자리 수를 구하세요.

$$\boxed{6} \quad \boxed{1} \quad \boxed{9} \quad \boxed{2} \quad \boxed{.}$$

생각하며 푼다!

소수 둘째 자리 숫자는 6이므로 일의 자리 숫자는 $\boxed{9}$, 소수 첫째 자리 숫자는 $\boxed{}$, 소수 셋째 자리 숫자는 $\boxed{}$이 되어야 합니다.

따라서 구하는 소수 세 자리 수는 $\boxed{}$입니다.

답 _____

2. 카드를 한 번씩만 사용하여 소수 첫째 자리 숫자가 7인 가장 작은 소수 세 자리 수를 구하세요.

$$\boxed{4} \quad \boxed{7} \quad \boxed{5} \quad \boxed{3} \quad \boxed{.}$$

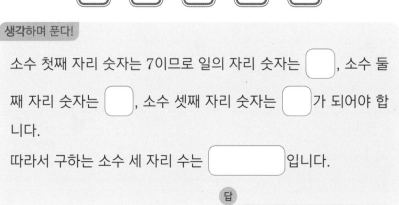

생각하며 푼다!

소수 첫째 자리 숫자는 7이므로 일의 자리 숫자는 $\boxed{}$, 소수 둘째 자리 숫자는 $\boxed{}$, 소수 셋째 자리 숫자는 $\boxed{}$가 되어야 합니다.

따라서 구하는 소수 세 자리 수는 $\boxed{}$입니다.

답 _____

3. 카드를 한 번씩만 사용하여 소수 셋째 자리 숫자가 5인 가장 큰 소수 세 자리 수를 구하세요.

$$\boxed{3} \quad \boxed{2} \quad \boxed{8} \quad \boxed{5} \quad \boxed{.}$$

_____

🐭 속닥속닥

1. 가장 큰 소수 세 자리 수는 소수 둘째 자리에 6을 놓은 다음 일의 자리부터 차례로 큰 수를 놓아야 해요.
→ □.□6□

2. 가장 작은 소수 세 자리 수는 소수 첫째 자리에 7을 놓은 다음 일의 자리부터 차례로 작은 수를 놓아야해요.
→ □.7□□

1. 조건을 만족하는 <u>소수 세 자리 수</u>를 쓰고 읽어 보세요.

대표
문제

> • 3보다 크고 4보다 작습니다.
> • 소수 첫째 자리 숫자는 ②입니다.
> • 소수 둘째 자리 숫자는 ⑨입니다.
> • 소수 셋째 자리 숫자는 ④입니다.

생각하며 푼다!

3보다 크고 4보다 작으므로 일의 자리는 ☐ 입니다.

　　　　　　　　　　일　첫째　둘째　셋째

따라서 조건을 만족하는 소수는 ☐.☐☐☐ 이고 이것

을 읽으면 ☐ 점 ☐☐☐ 입니다.

답 쓰기 ＿＿＿＿＿＿ , 읽기 ＿＿＿＿＿＿＿＿＿

속닥속닥

문제에서 숫자는 ○,
조건 또는 구하는 것은 ＿로
표시해 보세요.

1.
> 소수 세 자리 수는
> ☐.☐☐☐로 놓아요.

↓

> 3보다 크고 4보다
> 작은 소수 세 자리
> 수는 3.☐☐☐!

↓

> 소수 첫째, 둘째,
> 셋째 자리에 해당
> 숫자를 놓아요.

2. 조건을 만족하는 소수 세 자리 수를 쓰고 읽어 보세요.

> • 6보다 크고 7보다 작습니다.
> • 일의 자리 수와 소수 첫째 자리 수의 합은 9입니다.
> • 소수 둘째 자리 수는 8입니다.
> • 소수 셋째 자리 수는 5로 나누어떨어집니다.

생각하며 푼다!

6보다 크고 7보다 작으므로 일의 자리는 ☐ 이고, 소수 첫째 자

리는 9 − ☐ ＝ ☐ , 소수 셋째 자리는 5로 나누어떨어지면서

소수 세 자리 수가 되어야 하므로 ☐ 입니다.

　　　　　　　　　　일　첫째　둘째　셋째

따라서 조건을 만족하는 소수는 ☐.☐☐☐ 이고 이것

을 읽으면 ☐ 점 ☐☐☐ 입니다.

답 쓰기 ＿＿＿＿＿＿ , 읽기 ＿＿＿＿＿＿＿＿＿

5로 나누어떨어지는
수는 5 또는 0인데
왜 0은 안 되는 걸까?
아하~ 소수 셋째 자리에
0이 오면 소수 세 자리
수가 될 수 없기
때문이구나.

1. 4.96보다 크고 5보다 작은 소수 두 자리 수는 모두 몇 개일까요?

> **생각하며 푼다!**
>
> 일의 자리 숫자가 4인 가장 큰 소수 두 자리 수는 4.99입니다.
>
> 따라서 4.96<□<5에서 □ 안에 들어갈 소수 두 자리 수는 [ ], [ ],
>
> [4.99] 로 모두 [ ] 개입니다.
>
> 답 _____

2. 6보다 크고 6.05보다 작은 소수 두 자리 수는 모두 몇 개일까요?

> **생각하며 푼다!**
>
> 일의 자리 숫자가 6인 가장 작은 소수 두 자리 수는 6.01입니다.
>
> 따라서 6<□<6.05에서 □ 안에 들어갈 소수 두 자리 수는 [6.01], [ ],
>
> [ ], [ ] 로 모두 [ ] 개입니다.
>
> 답 _____

3. 3.724보다 크고 3.73보다 작은 소수 세 자리 수는 모두 몇 개일까요?

> **생각하며 푼다!**
>
> 3.724<□<3.73에서 □ 안에 들어갈 소수 세 자리 수는 [ ], [ ],
>
> [ ], [ ], [ ] 로 모두 [ ] 개입니다.
>
> 답 _____

4. 9.167보다 크고 9.17보다 작은 소수 세 자리 수는 모두 몇 개일까요?

_____

1. 냉장고에 포도 주스가 ⌒2.74⌒ L, 망고 주스가 ⌒2.78⌒ L 있습니다. 포도 주스와 망고 주스 중 어느 것이 더 많을까요?

🐭 속닥속닥
문제에서 소수는 ◯,
조건 또는 구하는 것은 ___로
표시해 보세요.

생각하며 푼다!

두 소수의 일의 자리, 소수 첫째 자리가 같으므로 소수 둘째

자리 수를 비교하면 4 < 8입니다.

포도 주스   망고 주스
따라서 2.74 ◯ 2.78이므로 [   ] 주스가 더 많습니다.

답 _____

2. 학교에서 체육관까지의 거리는 1.28 km이고 우체국까지의 거리는 1.194 km입니다. 학교에서 어느 곳이 더 멀까요?

생각하며 푼다!

두 소수의 일 의 자리가 같으므로 소수 [   ] 자리 수를 비

교하면 2 > 1입니다.

체육관   우체국
따라서 1.28 ◯ 1.194이므로 학교에서 [   ]이 더 멉니다.

답 _____

3. 찬호는 50 m를 9.795초에 달렸고 준서는 9.83초에 달렸습니다. 찬호와 준서 중 누가 더 빨리 달렸을까요?

소수의 크기가 작아야
더 빨리 달린 거야.

생각하며 푼다!

두 소수의 [   ]의 자리가 같으므로 [   ] 자리 수를

비교하면 7 ◯ 8입니다.

찬호   준서
따라서 9.795 ◯ 9.83이므로 [   ]가 더 빨리 달렸습니다.

답 _____

⭐ ☐ 안에 알맞은 수를 써넣으세요.

1. 1의 $\dfrac{1}{10}$은 ☐, $\dfrac{1}{100}$은 ☐입니다.

2. 7의 $\dfrac{1}{10}$은 ☐, $\dfrac{1}{100}$은 ☐입니다.

3. 5.8의 $\dfrac{1}{10}$은 ☐, $\dfrac{1}{100}$은 ☐입니다.

> 🐭 소수의 $\frac{1}{10}$, $\frac{1}{100}$을 구하면
> ① 수가 점점 작아져요.
> ② 소수점을 기준으로
>   수가 한 자리씩, 두 자리씩
>   오른쪽으로 이동해요.

4. 62.9의 $\dfrac{1}{10}$은 ☐, $\dfrac{1}{100}$은 ☐입니다.

5. 1은 0.01의 ☐배, 0.001의 ☐배입니다.

> 🐭 소수를 10배, 100배 하면
> ① 수가 점점 커져요.
> ② 소수점을 기준으로
>   수가 한 자리씩, 두 자리씩
>   왼쪽으로 이동해요.

6. 3.6은 0.036의 ☐배입니다.

> **생각하며 푼다!**
> 0.036이 3.6으로 커졌으므로 소수점을 기준으로 36이 두 자리 왼쪽으로 이동한 것과 같습니다.
> 따라서 0.036을 ☐배 한 수는 3.6이므로 3.6은 0.036의 ☐배입니다.

7. 70은 0.07의 ☐배입니다.

8. 429.1은 4.291의 ☐배입니다.

1. 0.385를 10배 한 수에서 숫자 5가 나타내는 수는 얼마일까요?

생각하며 푼다!

0.385를 10배 한 수는 [3.85] 입니다. ← 소수점을 기준으로 수가 한 자리 왼쪽으로 이동

[3.85] 에서 숫자 5가 [   ] 자리 숫자이므로 [   ] 를 나타냅니다.

답 _____

2. 0.194를 100배 한 수에서 숫자 4가 나타내는 수는 얼마일까요?

생각하며 푼다!

0.194를 100배 한 수는 [   ] 입니다. ← 소수점을 기준으로 수가 두 자리 왼쪽으로 이동

[   ] 에서 숫자 4는 [   ] 자리 숫자이므로 [   ] 를 나타냅니다.

답 _____

3. 1.73의 $\frac{1}{10}$ 인 수에서 숫자 3이 나타내는 수는 얼마일까요?

생각하며 푼다!

1.73의 $\frac{1}{10}$ 인 수는 [   ] 입니다. ← 소수점을 기준으로 수가 한 자리 오른쪽으로 이동

[   ] 에서 숫자 3은 [   ] 자리 숫자이므로 [   ] 을 나타냅니다.

답 _____

4. 6.2의 $\frac{1}{100}$ 인 수에서 숫자 6이 나타내는 수는 얼마일까요?

_____

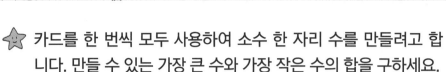

⭐ 카드를 한 번씩 모두 사용하여 소수 한 자리 수를 만들려고 합니다. 만들 수 있는 가장 큰 수와 가장 작은 수의 합을 구하세요.

 속닥속닥

1.

```
1.
     5 . 3
   + 3 . 5
   □ . □
```

① 소수점의 자리를 맞추어 쓴 다음
② 자연수처럼 더하고
③ 소수점을 그대로 내려 찍어요.

생각하며 푼다!

만들 수 있는 가장 큰 수는 [5.3] 이고 가장 작은 수는 [   ] 입니다.

따라서 두 수의 합은 [   ] (가장 큰 수) + [   ] (가장 작은 수) = [   ] 입니다.

답 _____

2.

생각하며 푼다!

만들 수 있는 가장 큰 수는 [   ] 이고 가장 작은 수는 [   ] 입니다.

따라서 두 수의 합은 [   ] (가장 큰 수) + [   ] (가장 작은 수) = [   ] 입니다.

답 _____

🐱 도전~ 나 혼자 풀이 완성!

3.

생각하며 푼다!

답 _____

자연수의 덧셈처럼 계산하고 소수점을 꼭 찍자!

1. 현수와 민하가 생각하는 소수의 합을 구하세요.

> 현수: 내가 생각하는 소수는 0.1이 47개 있어.
>
> 민하: 내가 생각하는 소수는 일의 자리 숫자가 3이고, 소수 첫째 자리 숫자가 2인 수야.

생각하며 푼다!

현수가 생각하는 소수: ☐ , 민하가 생각하는 소수: ☐

따라서 두 소수의 합은 ☐ + ☐ = ☐ 입니다.

답 _____

2. ㉠과 ㉡의 합을 구하세요.

> ㉠ 0.1이 63개입니다.
>
> ㉡ 일의 자리 숫자가 1, 소수 첫째 자리 숫자가 8입니다.

생각하며 푼다!

㉠은 ☐ , ㉡은 ☐ 입니다.

따라서 ㉠+㉡= ☐ + ☐ = ☐ 입니다.

답 _____

★3. ㉠과 ㉡의 합을 구하세요.

> ㉠ 3.7보다 2.6 큰 수
>
> ㉡ 1이 2개, 0.1이 14개인 수

생각하며 푼다!

㉠은 3.7 + ☐ = ☐ 이고, ㉡은 ☐ 입니다.

따라서 ㉠+㉡= ☐ + ☐ = 입니다.

답 _____

🐻 속닥속닥

1. 0.1이 ■▲개인 수
➡ ■.▲

3. 1이 2개 → 2
0.1이 14개 → 1.4

⭐ 카드를 한 번씩 모두 사용하여 소수 한 자리 수를 만들려고 합니다. 만들 수 있는 가장 큰 수와 가장 작은 수의 차를 구하세요.

🐭 속닥속닥

1. 소수 첫째 자리 수끼리 뺄 수 없으면 일의 자리 에서 받아내림하여 계산 해요.

1.
┌─┐ ┌─┐ ┌─┐
│3│ │7│ │.│
└─┘ └─┘ └─┘

생각하며 푼다!

만들 수 있는 가장 큰 수는 [7.3] 이고 가장 작은 수는 [   ] 입니다.

따라서 두 수의 차는 [   ] − [   ] = [   ] 입니다.

답 _____

2.
┌─┐ ┌─┐ ┌─┐
│4│ │9│ │.│
└─┘ └─┘ └─┘

생각하며 푼다!

만들 수 있는 가장 큰 수는 [   ] 이고 가장 작은 수는 [   ] 입니다.

따라서 두 수의 차는 [   ] − [   ] = [   ] 입니다.

답 _____

🐱 도전~ 나 혼자 풀이 완성!

3.
┌─┐ ┌─┐ ┌─┐
│6│ │8│ │.│
└─┘ └─┘ └─┘

생각하며 푼다!

답 _____

자연수의 뺄셈과 똑같이 계산하고 소수점을 꼭 찍자!

1. 옥수수가 들어 있는 바구니의 무게는 4.2 kg입니다. 빈 바
구니의 무게가 0.7 kg일 때 옥수수의 무게는 몇 kg일까요?

대표
문제

생각하며 푼다!

(옥수수의 무게)

=(옥수수가 들어 있는 바구니의 무게)−(빈 바구니의 무게)

= ☐ − ☐ = ☐ (kg)

답 _____

🐭 속닥속닥

문제에서 소수는 ◯,
조건 또는 구하는 것은 ___로
표시해 보세요.

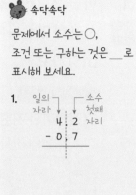

2. 물병에 물이 1.5 L 들어 있었습니다. 하영이가 운동을 한 후
마시고 남은 물은 0.9 L입니다. 하영이가 마신 물은 몇 L일
까요?

생각하며 푼다!

(하영이가 마신 물의 양)

=(처음에 들어 있던 물의 양)−(마시고 남은 물의 양)

= ☐ − ☐ = ☐ (L)

답 _____

계산하기

$$\begin{array}{r} \square.\square \\ -\ \square.\square \\ \hline \square.\square \end{array}$$

3. 길이가 4.6 m인 철사 중에서 2.7 m를 강아지 모양을 만드
는 데 사용하였습니다. 남은 철사는 몇 m일까요?

생각하며 푼다!

(남은 철사의 길이)

=(처음에 있던 철사의 길이)−(☐)

= ☐ − ☐ (m)

답 _____

계산하기

$$\begin{array}{r} \square.\square \\ -\ \square.\square \\ \hline \square.\square \end{array}$$

1. 미술 시간에 철사를 정민이는 ⓪.83 m, 지한이는 ①.49 m 사용하였습니다. 정민이와 지한이가 사용한 철사는 모두 몇 m일까요?

생각하며 푼다!

(정민이와 지한이가 사용한 철사의 길이)
=(정민이가 사용한 철사의 길이)+(지한이가 사용한 철사의 길이)
= ☐ + ☐ = ☐ (m)

답 _____

🐹 **속닥속닥**

문제에서 소수는 ◯,
조건 또는 구하는 것은 __로
표시해 보세요.

1.
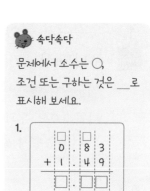

같은 자리 수끼리의 합이
10이거나 10보다 크면 바
로 윗자리로 받아올림해요.

2. 수경이의 책가방 무게는 3.92 kg이고, 석준이의 책가방 무게는 4.25 kg입니다. 수경이와 석준이의 책가방 무게는 모두 몇 kg일까요?

생각하며 푼다!

(수경이와 석준이의 책가방 무게)
=(수경이의 책가방 무게)+(석준이의 책가방 무게)
= ☐ + ☐ = ☐ (kg)

답 _____

계산하기
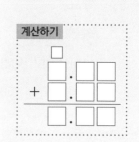

🐿 도전~ 나 혼자 풀이 완성!

3. 과수원에서 포도를 현모는 2.58 kg, 성우는 4.63 kg 땄습니다. 현모와 성우가 딴 포도는 모두 몇 kg일까요?

생각하며 푼다!

답 _____

계산하기
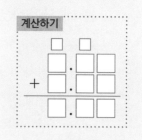

1. 민우의 키는 1.26 m이고 민우 아버지의 키는 민우의 키보
다 0.5 m 더 큽니다. 민우 아버지의 키는 몇 m일까요?

대표
문제

🐭 속닥속닥

문제에서 소수는 ○,
조건 또는 구하는 것은 ___로
표시해 보세요.

생각하며 푼다!

(민우 아버지의 키)

＝(민우의 키)＋(더 큰 길이)

＝ [   ] ＋ [   ] ＝ [   ] (m)

답 _____

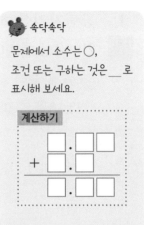

2. 직사각형 모양의 꽃밭의 세로는 4.75 m이고 가로는 세로보
다 3.26 m 더 깁니다. 꽃밭의 가로는 몇 m일까요?

생각하며 푼다!

(꽃밭의 가로)

＝(꽃밭의 세로)＋(더 긴 길이)

＝ [   ] ＋ [   ] ＝ [   ] (m)

답 _____

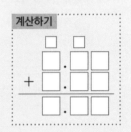

🐿️ 도전~ 나 혼자 풀이 완성!

3. 사과 한 봉지의 무게는 2.65 kg이고 배 한 봉지의 무게는 사
과 한 봉지의 무게보다 1.78 kg 더 무겁습니다. 배 한 봉지
의 무게는 몇 kg일까요?

생각하며 푼다!

답 _____

1. 공던지기를 하여 현준이는 ⟨23.13⟩ m를 던졌고 다정이는
_{대표문제} ⟨23.08⟩ m를 던졌습니다. <u>누가 몇 m 더 멀리 던졌을까요?</u>

생각하며 푼다!

23.13과 23.08의 크기를 비교하면

☐ 이 ☐ 보다 큽니다.

(현준이가 던진 거리)−(다정이가 던진 거리)

= ☐ − ☐ = ☐ (m)

답 _____ , _____

2. 밀가루 2.53 kg 중에서 0.94 kg을 팬케이크를 만드는 데
사용하였습니다. 남은 밀가루는 몇 kg일까요?

생각하며 푼다!

(남은 밀가루의 양)

=(처음에 있던 밀가루의 양)−(사용한 밀가루의 양)

= ☐ − ☐ = ☐ (kg)

답 _____

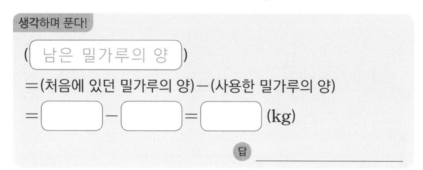

🐿️ 도전~ 나 혼자 풀이 완성!

3. 선아 어머니의 몸무게는 58.4 kg이고 선아의 몸무게는 어
머니의 몸무게보다 16.75 kg 가볍습니다. 선아의 몸무게는
몇 kg일까요?

생각하며 푼다!

답 _____

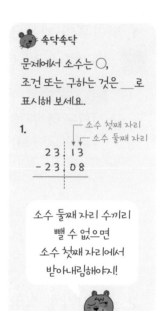

🐹 속닥속닥

문제에서 소수는 ◯,
조건 또는 구하는 것은 ___로
표시해 보세요.

1.
    ┌ 소수 첫째 자리
     ┌ 소수 둘째 자리
  2 3 . 1 3
− 2 3 . 0 8

소수 둘째 자리 수끼리
뺄 수 없으면
소수 첫째 자리에서
받아내림해야지!

계산하기

자리를 잘 맞추어
받아내림에 주의하며
계산해야지!

1. 어떤 수에서 ②2.68을 빼야 할 것을 잘못하여 더했더니 ⑧8.35
대표
문제 가 되었습니다. 바르게 계산하면 얼마일까요?

> **생각하며 푼다!**
>
> 어떤 수를 □라 하면 □+2.68 = ⌐8.35⌐ ,
>
> □ = ⌐   ⌐ − ⌐   ⌐ = ⌐   ⌐ 입니다.
>
> 따라서 바르게 계산하면 ⌐   ⌐ − ⌐   ⌐ = ⌐   ⌐
> 입니다.
>
> 답 _____

🐭 **속닥속닥**

문제에서 소수는 ○,
조건 또는 구하는 것은 ___로
표시해 보세요.

계산하기

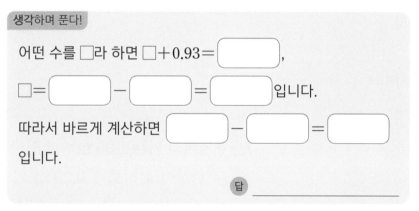

2. 어떤 수에서 0.93을 빼야 할 것을 잘못하여 더했더니 5.42
가 되었습니다. 바르게 계산하면 얼마일까요?

> **생각하며 푼다!**
>
> 어떤 수를 □라 하면 □+0.93 = ⌐   ⌐ ,
>
> □ = ⌐   ⌐ − ⌐   ⌐ = ⌐   ⌐ 입니다.
>
> 따라서 바르게 계산하면 ⌐   ⌐ − ⌐   ⌐ = ⌐   ⌐
> 입니다.
>
> 답 _____

계산하기

받아내림에 주의하자!
일의 자리에서는 1을,
소수 첫째 자리에서는
0.1을 빌려와
계산하면 돼.

🐿️ 도전~ 나 혼자 풀이 완성!

3. 어떤 수에서 1.59를 빼야 할 것을 잘못하여 더했더니 6.04
가 되었습니다. 바르게 계산하면 얼마일까요?

> **생각하며 푼다!**
>
>
>
> 답 _____

계산하기

3. 소수의 덧셈과 뺄셈

1. 0.001이 40, 0.01이 32, 0.1이 25인 소수 두 자리 수를 구하세요.

( )

2. 카드를 한 번씩만 사용하여 소수 둘째 자리 숫자가 6인 가장 큰 소수 세 자리 수와 가장 작은 소수 세 자리 수를 구하세요. (20점)

[5] [9] [2] [6] [.]

가장 큰 소수 세 자리 수

( )

가장 작은 소수 세 자리 수

( )

3. 7.94보다 크고 8보다 작은 소수 두 자리 수는 모두 몇 개일까요?

( )

4. 9.27의 $\frac{1}{10}$인 수에서 숫자 7이 나타내는 수는 얼마일까요?

( )

5. 멜론의 무게는 0.7 kg이고, 파인애플의 무게는 0.5 kg입니다. 멜론과 파인애플의 무게를 합하면 몇 kg일까요?

( )

6. 설탕 8.2 kg 중에서 4.6 kg을 매실액을 담그는 데 사용하였습니다. 남은 설탕은 몇 kg일까요?

( )

7. 현정이의 키는 1.35 m이고 언니의 키는 현정이의 키보다 0.29 m 더 큽니다. 언니의 키는 몇 m일까요?

( )

8. 어떤 수에서 3.28을 빼야 할 것을 잘못하여 더했더니 9.14가 되었습니다. 바르게 계산하면 얼마일까요? (20점)

( )

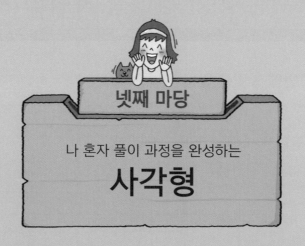

넷째 마당

나 혼자 풀이 과정을 완성하는

사각형

넷째 마당에서는 **사각형을 이용한 문장제**를 배웁니다.
4개의 변으로 둘러싸인 도형인 사각형은
사다리꼴, 평행사변형, 마름모 등으로 나뉩니다.
여러 가지 사각형의 성질을 생각하며 문제를 풀어 보세요.

변이 4개라도 끊어져 있으면 사각형이 아니에요.
4개의 변으로 둘러싸여 있어야 사각형이에요.

⭐ 그림을 보고 ☐ 안에 알맞은 말을 써넣으세요.

1.

두 직선이 만나서 이루는 각이 직각일 때,
두 직선은 서로 수직이라고 합니다.

직선 가와 나는
서로 수직

직선 나에
대한 수선

직선 가에
대한 수선

가 ─── 직각

나

🐭 직각은 90°예요.

(1) 두 ☐ 이 만나서 이루는 각이 ☐ 일 때, 두 직선은 서로 수직이라고 합니다.

(2) 두 직선이 서로 수직으로 만나면 한 직선은 다른 직선에 대한 ☐ 이라고 합니다.

2.

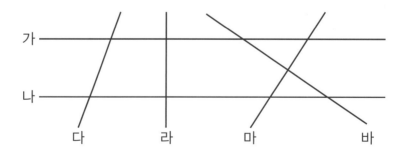

가

나

다   라   마   바

(1) 직선 라에 수직인 직선은 직선 가, 직선 ☐ 입니다.

(2) 직선 마는 직선 바에 대한 ☐ 입니다.

⭐ 그림을 보고 ☐ 안에 알맞은 말을 써넣으세요.

1.

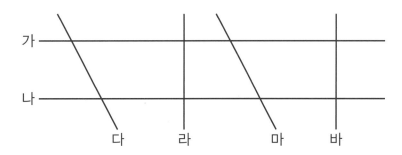

서로 만나지 않는 두 직선을 평행하다고 하고, 평행한 두 직선을 평행선이라고 합니다.

(1) 한 직선에 수직인 두 직선을 그었을 때, 그 두 직선은 서로 만나지 않습니다.
이와 같이 서로 ┌만나지 않는 두 직선┐을 평행하다고 합니다.

(2) 서로 만나지 않는 두 직선을 ☐하다고 하고, 평행한 두 직선을 ☐이라고 합니다.

2.

가 ─────────────────

나 ─────────────────

　다　　라　　마　바

(1) 직선 가와 평행한 직선은 직선 ☐입니다.

(2) 직선 다와 평행한 직선은 직선 ☐입니다.

(3) 직선 라와 평행한 직선은 직선 ☐입니다.

⭐ 도형에서 평행선은 각각 몇 쌍인지 쓰세요.

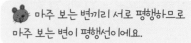

1.

_____

2.

_____

3.

_____

4.

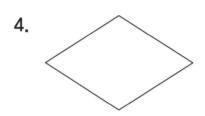

_____

5.

_____

6.

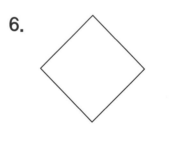

_____

7.

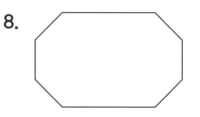 처럼 마주 보는 변이 평행선이에요.

_____

8.

_____

1. 그림을 보고 ☐ 안에 알맞은 말을 써넣으세요.

> 평행선의 한 직선에서 다른 직선에 대한 수선을 긋습니다. 이때 이 수선의 길이를 평행선 사이의 거리라고 합니다.
>
> 평행선 사이의 거리
>
> 평행선 사이의 거리

(1) 평행선의 한 직선에서 다른 직선에 대한 ☐ 을 긋습니다. 이때 이 ☐ 의 길이를 평행선 사이의 거리라고 합니다.

(2) 평행선의 한 직선에서 다른 직선에 대한 수선을 긋습니다. 이때 이 수선의 길이를 ☐ 라고 합니다.

2. 직선 가와 직선 나가 서로 평행할 때 평행선 사이의 거리는 몇 cm일까요?

(1) 가
7 cm   9 cm   6 cm
나

_____

(2) 가
10 cm   8 cm   12 cm   11 cm
나

_____

3. 도형에서 평행선 사이의 거리는 몇 cm일까요?

(1)
17 cm
14 cm
8 cm
16 cm

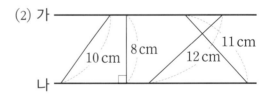
14 cm와 8 cm를 나타내는 변이 평행선이에요.

_____

(2)
8 cm
14 cm
16 cm
16 cm

_____

1. 사다리꼴에 대한 설명입니다. 밑줄 친 부분에 알맞게 쓰세요.

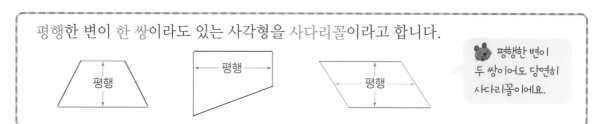

평행한 변이 한 쌍이라도 있는 사각형을 사다리꼴이라고 합니다.

평행한 변이 두 쌍이어도 당연히 사다리꼴이에요.

(1) 평행한 변이 한 쌍이라도 있는 사각형을 _____사다리꼴_____ 이라고 합니다.

(2) 사다리꼴은 평행한 변이 _____ 있는 사각형입니다.

2. 평행사변형에 대한 설명입니다. 밑줄 친 부분에 알맞게 쓰세요.

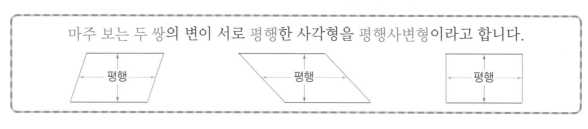

마주 보는 두 쌍의 변이 서로 평행한 사각형을 평행사변형이라고 합니다.

(1) 마주 보는 두 쌍의 변이 서로 평행한 사각형을 _____이라고 합니다.

(2) 평행사변형은 마주 보는 _____이 서로 평행한 사각형입니다.

3. 마름모에 대한 설명입니다. 밑줄 친 부분에 알맞게 쓰세요.

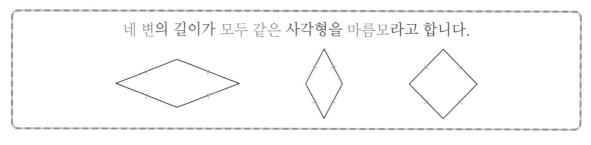

네 변의 길이가 모두 같은 사각형을 마름모라고 합니다.

(1) 네 변의 길이가 모두 같은 사각형을 _____라고 합니다.

(2) 마름모는 _____ 사각형입니다.

★ 각 도형의 성질을 설명한 것입니다. 읽으면서 따라 쓰세요.

1.

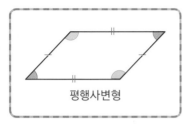

평행사변형

❶ 평행사변형은 마주 보는 두 변의 길이가 같습니다.
❷ 평행사변형은 마주 보는 두 각의 크기가 같습니다.
❸ 평행사변형은 이웃한 두 각의 크기의 합이 180°입니다.

따라쓰기 ❶ 평행사변형은 마주 보는 _____두 변의 길이_____ 가 같습니다.

❷ 평행사변형은 _____가 같습니다.

❸ 평행사변형은 _____의 크기의 합이 _____입니다.

2.

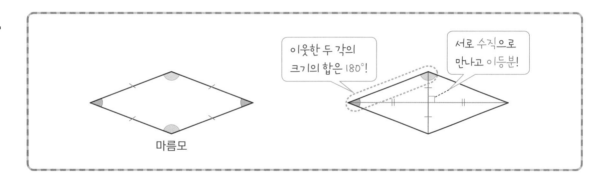

이웃한 두 각의
크기의 합은 180°!

서로 수직으로
만나고 이등분!

마름모

❶ 마름모는 네 변의 길이가 모두 같습니다.
❷ 마름모는 마주 보는 두 각의 크기가 같습니다.
❸ 마름모는 이웃한 두 각의 크기의 합이 180°입니다.
❹ 마름모는 마주 보는 꼭짓점끼리 이은 선분이 서로 수직으로 만나고 이등분합니다.

따라쓰기 ❶ 마름모는 _____ 같습니다.

❷ 마름모는 마주 보는 _____가 같습니다.

❸ 마름모는 _____입니다.

❹ 마름모는 마주 보는 꼭짓점끼리 이은 선분이

_____

⭐ 각 도형의 성질을 설명한 것입니다. 읽으면서 따라 쓰세요.

1.

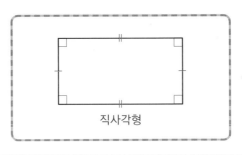

🐭 직사각형은
① 평행사변형
② 사다리꼴
이라고 할 수 있어요.

❶ 직사각형은 네 각이 모두 직각입니다.
❷ 직사각형은 마주 보는 두 변의 길이가 서로 같습니다.
❸ 직사각형은 마주 보는 두 쌍의 변이 서로 평행합니다.

따라쓰기 ❶ 직사각형은 _____입니다.

❷ 직사각형은 _____가 서로 같습니다.

❸ 직사각형은 _____이 서로 평행합니다.

2.

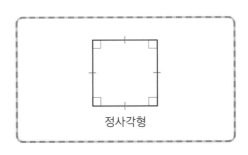

🐭 정사각형은
① 마름모
② 직사각형
③ 평행사변형
④ 사다리꼴
이라고 할 수 있어요.

❶ 정사각형은 네 변의 길이가 모두 같습니다.
❷ 정사각형은 네 각이 모두 직각입니다.
❸ 정사각형은 마주 보는 두 쌍의 변이 서로 평행합니다.

따라쓰기 ❶ 정사각형은 _____ 같습니다.

❷ 정사각형은 _____입니다.

❸ 정사각형은 _____이 서로 평행합니다.

⭐ 다음 질문에 답하고 그 이유를 쓰세요.

1.

> 직사각형은 사다리꼴일까요?

답 직사각형은 _____사다리꼴_____ 입니다.

이유 직사각형은 _____마주 보는 한 쌍의 변이 평행하기_____ 때문에

사다리꼴입니다.

2.

> 정사각형은 평행사변형일까요?

답 정사각형은 _____입니다.

이유 정사각형은 마주 보는 _____ 때문에

_____입니다.

3.

> 정사각형은 마름모일까요?

답 정사각형은 _____입니다.

이유 정사각형은 네 변의 길이가 _____입니다.

4.

> 직사각형은 정사각형일까요?

답 _____ 이 아닙니다.

이유 직사각형은 항상 네 변의 _____길이가 같지는 않기_____ 때문입니다.

 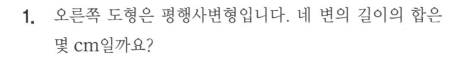

1. 오른쪽 도형은 평행사변형입니다. 네 변의 길이의 합은 몇 cm일까요?

9 cm
5 cm

> **생각하며 푼다!**
>
> 평행사변형은 마주 보는 두 쌍의 변의 길이가 같으므로 나머지 두 변의 길이도
>
> 각각 9 cm, ☐ cm입니다.
>
> 따라서 네 변의 길이의 합은 9+☐+9+☐=☐ (cm)입니다.
>
> 답 _____

2. 오른쪽 도형은 평행사변형입니다. 네 변의 길이의 합은 몇 cm일까요?

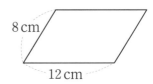
8 cm
12 cm

_____

3. 오른쪽 도형은 평행사변형입니다. 네 변의 길이의 합이 30 cm일 때 ㉠의 길이는 몇 cm일까요?

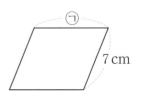
㉠
7 cm

> **생각하며 푼다!**
>
> 평행사변형은 마주 보는 ☐ 쌍의 변의 길이가 같으므로 나머지 두 변의 길이도
>
> 각각 ㉠, ☐ cm입니다.
>
> 따라서 ㉠+7 cm+㉠+7 cm=☐ cm, ㉠+㉠=☐ cm, ㉠=☐ cm입니다.
>
> 답 _____

4. 오른쪽 도형은 평행사변형입니다. 네 변의 길이의 합이 46 cm일 때 ㉠의 길이는 몇 cm일까요?

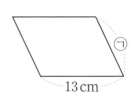
㉠
13 cm

_____

1. 오른쪽 도형은 평행사변형입니다. ㉠의 크기는 몇 도일까요?

생각하며 푼다!

평행사변형에서 이웃하는 두 각의 크기의 합은 180 °입니다.

따라서 120°+㉠= 180 °이므로 ㉠= 180 °− □ °= □ °입니다.

이웃하는 두 각

답 _____

2. 오른쪽 도형은 평행사변형입니다. ㉠의 크기는 몇 도일까요?

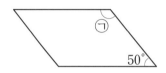

_____

3. 오른쪽 도형은 평행사변형입니다. ㉠의 크기는 몇 도일까요?

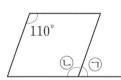

생각하며 푼다!

평행사변형에서 이웃하는 두 각의 크기의 합은 □ °이므로 ㉠+㉡=180°이고,

평행사변형에서 마주 보는 각의 크기는 같으므로 ㉡= □ °입니다.

따라서 ㉠+ □ =180°이므로 ㉠= □ °− □ °= □ °입니다.
　　　　　ⓛ　　　　　　　　　　　　　　　　　　　ⓛ

답 _____

4. 오른쪽 도형은 평행사변형입니다. ㉠의 크기는 몇 도일까요?

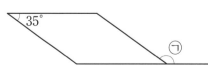

_____

1. 마름모의 네 변의 길이의 합은 몇 cm일까요?

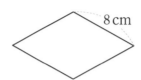

8 cm

생각하며 푼다!

마름모는 네 변의 길이가 모두 같습니다.

따라서 마름모의 네 변의 길이의 합은 8 × 4 = ☐ (cm)입니다.

답 _____

2. 마름모의 네 변의 길이의 합은 몇 cm일까요?

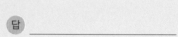

12 cm

_____

3. 길이가 60 cm인 철사를 모두 사용하여 마름모를 한 개 만들었습니다. 만든 마름모의 한 변의 길이는 몇 cm일까요?

생각하며 푼다!

마름모는 ☐ 변의 길이가 모두 같습니다.

따라서 마름모의 한 변의 길이는 60 ÷ 4 = ☐ (cm)입니다.

답 _____

4. 길이가 28 cm인 철사를 모두 사용하여 마름모를 한 개 만들었습니다. 만든 마름모의 한 변의 길이는 몇 cm일까요?

_____

1. 직사각형의 네 변의 길이의 합은 몇 cm일까요?

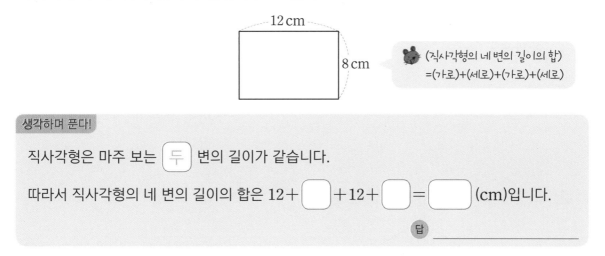

12 cm

8 cm

(직사각형의 네 변의 길이의 합)
=(가로)+(세로)+(가로)+(세로)

생각하며 푼다!

직사각형은 마주 보는 〔두〕 변의 길이가 같습니다.

따라서 직사각형의 네 변의 길이의 합은 12+〔 〕+12+〔 〕=〔 〕(cm)입니다.

답 _____

2. 네 변의 길이의 합이 22 cm인 직사각형이 있습니다. 이 직사각형의 가로가 7 cm일 때 세로는 몇 cm일까요?

생각하며 푼다!

직사각형의 세로를 □ cm라 하면 7+□+7+□=〔 〕이므로

□+□+14=〔 〕, □+□=〔 〕, □=〔 〕입니다.

답 _____

3. 철사를 사용하여 네 변의 길이의 합이 28 cm인 직사각형을 만들었습니다. 만든 직사각형의 세로가 5 cm일 때 가로는 몇 cm일까요?

_____

4. 정사각형의 네 변의 길이의 합이 36 cm일 때 한 변의 길이는 몇 cm일까요?

_____

4. 사각형

1. 두 직선이 서로 수직으로 만나면 한 직선은 다른 직선에 대한 무엇이라고 할까요?

( )

2. 도형에서 평행선은 모두 몇 쌍일까요?

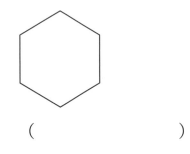

( )

3. 다음이 설명하는 도형의 이름은 무엇일까요?

> 마주 보는 두 쌍의 변이
> 서로 평행한 사각형

( )

4. 밑줄 친 부분에 알맞게 쓰세요.

_____

사각형을 마름모라고 합니다.

5. 다음이 설명하는 도형의 이름은 무엇일까요?

> • 네 변의 길이가 모두 같습니다.
> • 네 각이 모두 직각입니다.
> • 마주 보는 두 쌍의 변이 서로 평행합니다.

( )

6. 평행사변형의 네 변의 길이의 합이 28 cm일 때 ㉠의 길이는 몇 cm일까요? (20점)

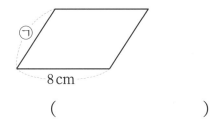

( )

7. 길이가 56 cm인 철사를 모두 사용하여 마름모를 한 개 만들었습니다. 만든 마름모의 한 변의 길이는 몇 cm일까요?

( )

8. 네 변의 길이의 합이 36 cm인 직사각형이 있습니다. 이 직사각형의 가로가 11 cm일 때 세로는 몇 cm일까요?

(20점)

( )

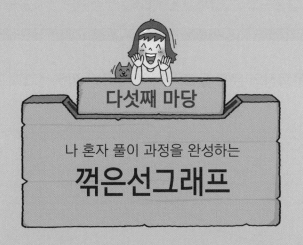

다섯째 마당

나 혼자 풀이 과정을 완성하는
꺾은선그래프

다섯째 마당에서는 **꺾은선그래프를 이용한 문장제**를 배웁니다.
3학년 때 배운 막대그래프는 각 항목의 상대적인 크기를 비교하기 좋고,
4학년 때 배우는 꺾은선그래프는 수량의 변화 상태를 알아보는 데 편리해요.

꺾은선그래프를 이용하면 변화하는
경향을 알 수 있어요!

⭐ 민석이가 학교 운동장의 온도를 조사하여 나타낸 꺾은선그래프입니다. 물음에 답하세요.

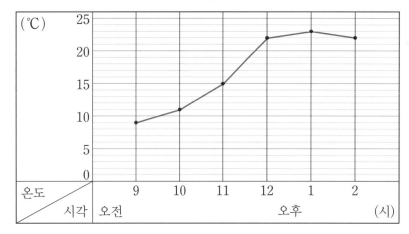

학교 운동장의 온도

🐭 수량을 점으로 표시하고, 그 점들을 선분으로 이어 그린 그래프를 꺾은선그래프라고 해요.

1. 꺾은선그래프의 가로와 세로는 각각 무엇을 나타내나요?

가로: _____ , 세로: _____

2. 세로 눈금 한 칸은 얼마를 나타내나요?

_____

3. 꺾은선은 무엇을 나타내나요?

_____의 변화

4. 오전 11시의 온도는 몇 도일까요?

_____

5. 온도가 가장 높을 때의 시각과 온도를 각각 구하세요.

🐭 가장 높이 있는 점의 가로 눈금과 세로 눈금을 읽어요.

시각: _____ , 온도: _____

식물의 키를 조사하여 나타낸 꺾은선그래프입니다. 물음에 답하세요.

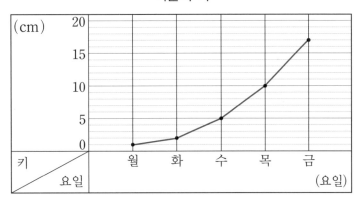

1. 꺾은선그래프의 가로와 세로는 각각 무엇을 나타내나요?

가로: _____ , 세로: _____

2. 식물이 가장 많이 자란 때는 무슨 요일과 무슨 요일 사이일까요?

🐻 점과 점을 이은 선분의 기울기가 가장 큰 때를 찾아보세요.

_____ 과 _____ 사이

3. 식물이 가장 적게 자란 때는 무슨 요일과 무슨 요일 사이일까요?

🐻 점과 점을 이은 선분의 기울기가 가장 작은 때를 찾아보세요.

_____ 과 _____ 사이

4. 월요일부터 금요일까지 식물은 모두 몇 cm 자랐을까요?

_____

5. 수요일과 목요일 사이에 식물의 키는 몇 cm 자랐을까요?

_____

⭐ 유민이가 몸무게를 매년 4월 조사하여 나타낸 꺾은선그래프입니다. 물음에 답하세요.

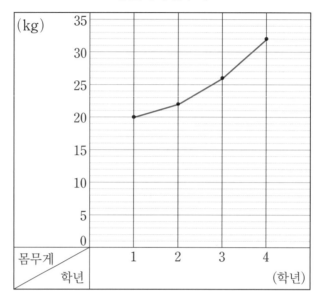

유민이의 몸무게

1. 꺾은선그래프의 가로와 세로는 각각 무엇을 나타내나요?

가로: _____ , 세로: _____

2. 세로 눈금 한 칸은 얼마를 나타내나요?

_____

3. 전 학년에 비해 몸무게가 가장 많이 늘어난 학년은 언제일까요?

🐭 점과 점을 이은 선분의 기울기가 가장 큰 때를 찾아보세요.   _____

4. 2학년 10월쯤 유민이의 몸무게는 약 몇 kg이라고 할 수 있을까요?

🐭 매년 4월에 조사한 것이므로 2학년 오른쪽의 선분이 2학년일 때의
몸무게예요. 2학년과 3학년의 중간값을 읽어 보세요.   _____

5. 3학년 4월의 몸무게는 2학년 4월의 몸무게보다 몇 kg이 더 늘어났나요?

_____

준호가 5일 동안 윗몸일으키기를 한 최고 기록을 조사하여 나타낸 꺾은선그래프입니다. ☐ 안에 알맞은 말이나 수를 써넣으세요.

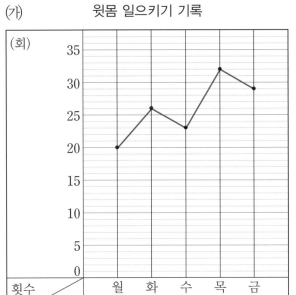

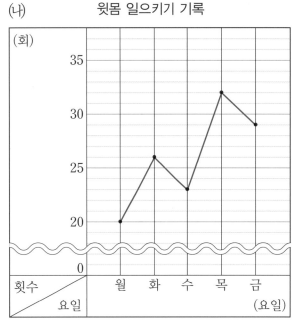

1. 두 그래프의 같은 점은 무엇인가요?

(1) 가로에는 ☐ 을, 세로에는 윗몸일으키기 ☐ 를 나타내었습니다.

(2) 세로 눈금 한 칸의 크기는 ☐ 회로 같습니다.

2. 두 그래프의 다른 점은 무엇인가요?

(1) ㈎는 세로 눈금이 ☐ 부터 시작합니다.

(2) ㈏는 물결선이 있고 물결선 위로 ☐ 부터 시작합니다.

3. ㈏ 그래프는 왜 세로 눈금이 물결선 위로 20부터 시작할까요?

🐭 물결선으로 나타내면 변화하는 모양을 뚜렷이 나타낼 수 있어요.

(1) ☐ 보다 작은 값이 없기 때문입니다.

(2) 세로 눈금 칸이 ☐넓어져서☐ 다른 값들을 더 잘 알 수 있기 때문입니다.

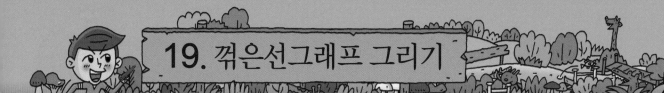

19. 꺾은선그래프 그리기

⭐ 어느 지역의 월별 강수량을 조사한 표를 보고 꺾은선그래프로 나타내려고 합니다. 물음에 답하세요.

월별 강수량

월	3	4	5	6	7
강수량(mm)	14	21	17	25	19

1. 꺾은선그래프의 가로와 세로에는 각각 무엇을 나타내어야 할까요?

가로: _____ , 세로: _____

2. 세로 눈금 한 칸은 얼마를 나타내어야 할까요?

_____

3. 꺾은선그래프로 나타내어 보세요.

```
┌─────────────────────────────┐
│                             │
└─────────────────────────────┘
```

(mm)

```
┌──┬──┬──┬──┬──┐
│  │  │  │  │  │
│  │  │  │  │  │
│  │  │  │  │  │
│  │  │  │  │  │
│  │  │  │  │  │
```

0

강수량   3   4   5   6   7

월   (월)

★ 경석이의 100 m 달리기 기록을 조사하여 나타낸 표입니다. 물음에 답하세요.

경석이의 100m 달리기 기록

요일	월	화	수	목	금
기록(초)	18.6	19.2	18.4	18.9	18.7

1. 꺾은선그래프의 가로와 세로에는 각각 무엇을 나타내어야 할까요?

가로: _____ , 세로: _____

2. 꺾은선그래프로 나타내어 보세요.

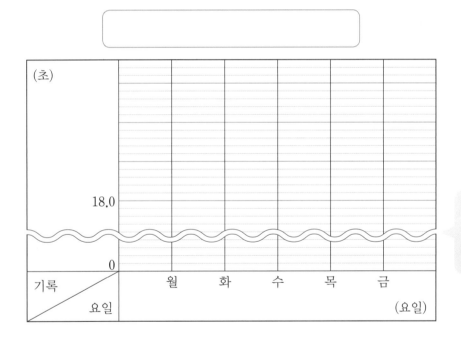

🐻 필요 없는 부분을 물결선으로 줄여서 그리면 변화하는 모양을 뚜렷이 나타낼 수 있어요.

3. 기록이 가장 좋아진 때는 무슨 요일과 무슨 요일 사이인가요?

🐻 시간이 짧을수록 기록이 좋은 거예요.   _____ 과 _____ 사이

4. 기록이 가장 나빠진 때는 무슨 요일과 무슨 요일 사이인가요?

🐻 시간이 길수록 기록이 안 좋은 거예요.   _____ 과 _____ 사이

★ 민혁이의 키를 매월 1일에 조사하여 나타낸 표입니다. 물음에 답하세요.

민혁이의 키

월	1	2	3	4	5	6
키(cm)	129.6	130.2	130.4	130.8	131.6	132.2

1. 꺾은선그래프의 가로와 세로에는 각각 무엇을 나타내면 좋을까요?

가로: _____, 세로: _____

2. 세로 눈금 한 칸은 얼마를 나타내어야 할까요?

_____

3. 꺾은선그래프로 나타내어 보세요.

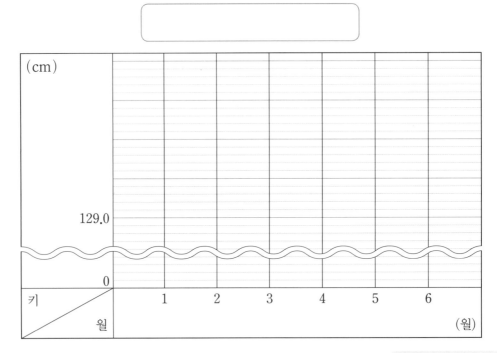

🐭 선이 가장 많이 기울어져 있는 때는
몇 월과 몇 월 사이인지 생각해 보세요.

4. 키가 가장 많이 자란 때는 몇 월과 몇 월 사이인가요?

_____ 과 _____ 사이

성준이가 일주일 동안 줄넘기를 한 횟수를 조사하여 나타낸 표입니다. 물음에 답하세요.

줄넘기를 한 횟수

요일	월	화	수	목	금	토	합계
횟수(회)	96	102	113	107	98	110	

1. 꺾은선그래프의 가로와 세로에는 각각 무엇을 나타내면 좋을까요?

가로: _____ , 세로: _____

2. 세로 눈금은 물결선을 넣는다면 물결선 위로 얼마부터 시작하면 좋을지 알맞은 횟수에 ○표 하세요.

| 95회 | 100회 | 105회 | 110회 | 115회 |

3. 꺾은선그래프로 나타내어 보세요.

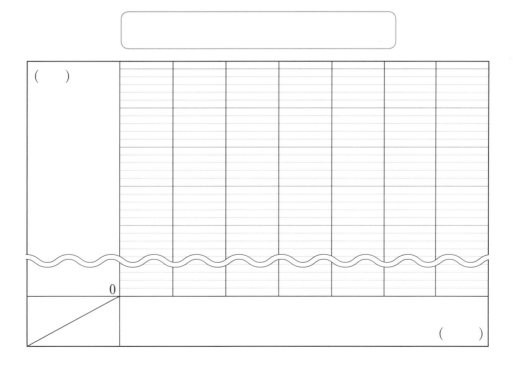

⭐ 지훈이의 키를 1학년 때부터 4학년 때까지 매년 5월에 재어 기록한 것입니다. 물음에 답하세요.

지훈이의 키

학년	1	2	3	4
키(cm)	124	126	130	136

1. 꺾은선그래프로 나타내어 보세요.

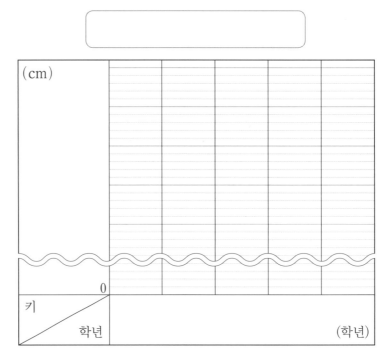

2. 문장을 완성해 보세요.

지훈이의 키가 가장 적게 자란 때는 _____과 _____ 사이이고

지훈이의 키가 가장 많이 자란 때는 _____

3. 지훈이가 5학년 5월에 키를 잰다면 얼마가 될지 예상해 보세요.

답 _____

예상 1~2학년에 2 cm, 2~3학년에 _____, 3~4학년에 _____

자랐으므로 5학년 5월에는 _____가 더 자랐을 것 같습니다.

⭐ 유민이가 몸무게를 매년 3월 조사하여 나타낸 꺾은선그래프입니다. 물음에 답하세요.

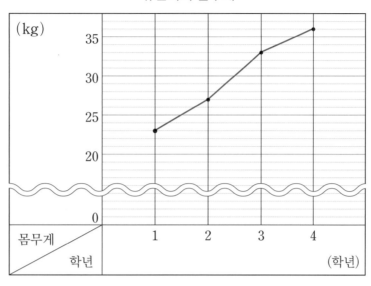

유민이의 몸무게

1. 조사한 기간 동안 몸무게는 몇 kg 늘었을까요?

4학년 때가 가장 높고
1학년 때가 가장 낮아요!

생각하며 푼다!

(늘어난 몸무게)=(4학년 때의 몸무게)-(1학년 때의 몸무게)

= ☐ - ☐ = ☐ (kg)

답 _____

2. 세로 눈금 한 칸의 크기를 0.5 kg으로 하여 다시 그리려고 합니다. 3학년과 4학년의 몸무게는 몇 칸 차이가 날까요?

생각하며 푼다!

위 그래프에서 세로 눈금 한 칸의 크기는 ☐ kg이고

3학년과 4학년의 몸무게는 ☐ kg 차이가 납니다.

따라서 세로 눈금 한 칸의 크기를 0.5 kg으로 하여 다시 그리면

1 kg은 ☐ 칸으로 나타낼 수 있으므로 ☐ × 2 = ☐ (칸) 차이가 납니다.

답 _____

⭐ 교실과 복도의 온도를 조사하여 나타낸 꺾은선그래프입니다. 물음에 답하세요.

교실의 온도

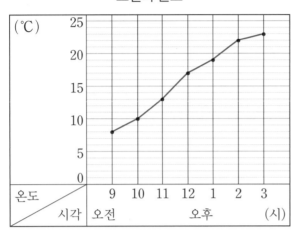

복도의 온도

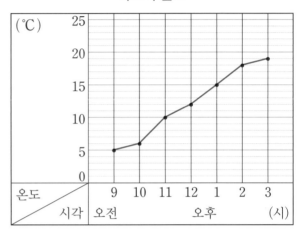

1. 그래프를 보고 표의 빈칸에 교실의 온도를 써넣으세요.

교실의 온도

시각(시)	오전 9	오전 10	오전 11	낮 12	오후 1	오후 2	오후 3
온도(℃)							

2. 그래프를 보고 표의 빈칸에 복도의 온도를 써넣으세요.

복도의 온도

시각(시)	오전 9	오전 10	오전 11	낮 12	오후 1	오후 2	오후 3
온도(℃)							

3. 교실과 복도의 온도의 차가 가장 큰 때는 언제일까요?

_____

4. 오후 1시의 교실과 복도의 온도의 차는 몇 도일까요?

_____

⭐ 세 식물의 키의 변화를 조사하여 나타낸 꺾은선그래프입니다. 물음에 답하세요.

식물 (가)의 키   식물 (나)의 키   식물 (다)의 키

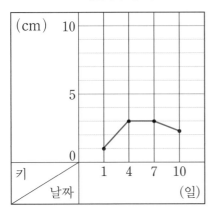 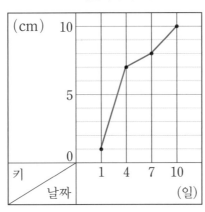 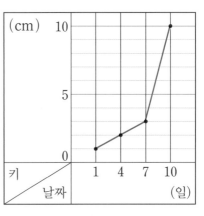

1. 처음에는 천천히 자라다가 시간이 지나면서 빠르게 자라는 식물은 어느 것일까요?

_____

2. 처음에는 빠르게 자라다가 시간이 지나면서 천천히 자라는 식물은 어느 것일까요?

_____

3. 조사하는 동안 시들고 있는 식물은 어느 것인가요? 그렇게 생각한 이유는 무엇일까요?

답 _____

이유 선이 (올라가지 , 내려가지) 않다가 다시 (올라가기 , 내려가기) 때문입니다.

5. 꺾은선그래프

⭐ 운동장의 온도를 조사하여 나타낸 꺾은선그래프입니다. 물음에 답하세요.

[1~3]

운동장의 온도

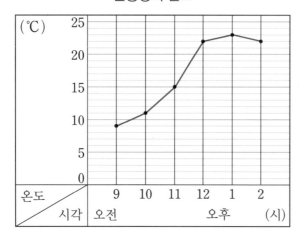

1. 꺾은선그래프의 가로와 세로는 각각 무엇을 나타내나요?

가로 (   )

세로 (   )

2. 세로 눈금 한 칸은 얼마를 나타내나요?

(   )

3. 오후 1시의 온도는 몇 도일까요?

(   )

⭐ 민서의 100 m 달리기 기록을 조사하여 나타낸 표입니다. 물음에 답하세요.

[4~6]

100 m 달리기 기록

요일	월	화	수	목	금
기록(초)	18.3	18.8	19.2	17.7	18.3

4. 세로 눈금은 물결선 위로 얼마부터 시작하고, 세로 눈금 한 칸은 몇 초를 나타내어야 할까요?

(   ), (   )

5. 꺾은선그래프로 나타내어 보세요.

(50점)

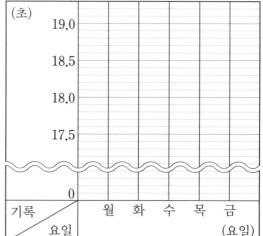

6. 기록의 변화가 가장 큰 때는 무슨 요일과 무슨 요일 사이인가요?

(   )과 (   ) 사이

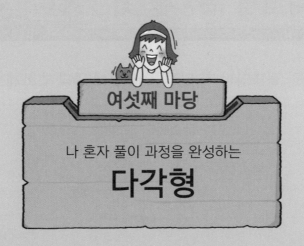

여섯째 마당

나 혼자 풀이 과정을 완성하는
다각형

여섯째 마당에서는 **다각형을 이용한 문장제**를 배웁니다.
다각형은 선분으로만 둘러싸인 도형으로, 변의 수에 따라 이름을 붙여요.
변이 5개이면 오각형, 6개이면 육각형이라고 부르지요.
생활 주변의 다각형을 관찰하면서 문제를 풀어 보세요.

다각형은 3개 이상의 선분으로 끊어지지 않고
둘러싸인 도형이에요.

21. 다각형 문장제

1. 정다각형에 대한 설명입니다. 밑줄 친 부분에 알맞게 쓰세요.

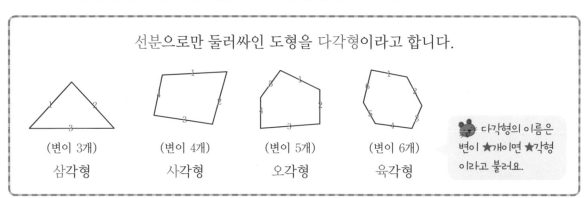

선분으로만 둘러싸인 도형을 다각형이라고 합니다.

(변이 3개)
삼각형

(변이 4개)
사각형

(변이 5개)
오각형

(변이 6개)
육각형

🐭 다각형의 이름은 변이 ★개이면 ★각형 이라고 불러요.

🐭 도형에서 선분을 변이라고 말해요.
즉 변은 도형의 가장자리에 있는 선분이에요.

(1) 다각형은 _____ 입니다.

(2) 다각형은 변의 수에 따라 변이 6개이면 _____, 변이 7개이면

_____, 변이 8개이면 _____ 등으로 부릅니다.

2. 도형을 보고 ☐ 안에 알맞은 수나 말을 써넣으세요.

(1)

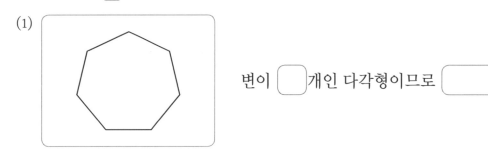

변이 ☐개인 다각형이므로 ☐입니다.

(2)

변이 ☐개인 다각형이므로 ☐입니다.

1. 도형의 이름을 쓰세요.

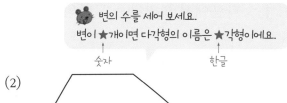
🐻 변의 수를 세어 보세요.
변이 ★개이면 다각형의 이름은 ★각형이에요.
숫자   한글

(1)

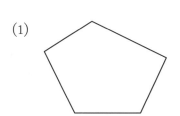

_____

(2)

_____

(3)

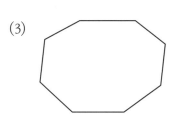

_____

(4)

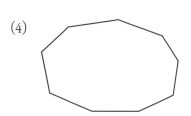

_____

2. 5개의 선분으로 둘러싸인 도형을 무엇이라고 할까요?

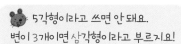
🐻 5각형이라고 쓰면 안 돼요.
변이 3개이면 삼각형이라고 부르지요!

_____

3. 7개의 선분으로 둘러싸인 도형을 무엇이라고 할까요?

_____

4. 9개의 선분으로 둘러싸인 도형을 무엇이라고 할까요?

_____

5. 12개의 선분으로 둘러싸인 도형을 무엇이라고 할까요?

_____

1. 다음에서 설명하는 도형의 이름을 쓰세요.

(1)
- 선분으로만 둘러싸인 도형입니다. → 다각형
- 변의 수는 7개입니다.

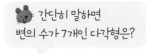
간단히 말하면
변의 수가 7개인 다각형은?

_____

(2)
- 선분으로만 둘러싸인 도형입니다.
- 변의 수는 8개입니다.

_____

(3)
- 선분으로만 둘러싸인 도형입니다.
- 변의 수는 10개입니다.

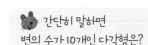
간단히 말하면
변의 수가 10개인 다각형은?

_____

2. 주어진 도형에 대한 설명입니다. 밑줄 친 부분에 알맞게 쓰세요.

(1)
- _____으로만 _____ 도형입니다.
- 변의 수는 _____개입니다.
- 이 도형의 이름은 _____ 입니다.

(2)
- _____ 도형입니다.
- 변의 수는 _____개입니다.
- 이 도형의 이름은 _____ 입니다.

⭐ 도형은 다각형이 아닙니다. 다각형이 아닌 이유를 따라 쓰세요.

1.

이유 곡선으로만 이루어진 도형이기 때문에 다각형이 아닙니다.

따라쓰기 _____

2.

이유 선분으로만 둘러싸인 도형이 아니라 곡선이 포함된 도형이기 때문에 다각형이 아닙니다.

따라쓰기 _____

_____

3.

이유 선분으로만 둘러싸여 있어야 하는데 둘러싸여 있지 않기 때문에 다각형이 아닙니다.

따라쓰기 _____

_____

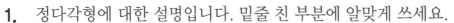

1. 정다각형에 대한 설명입니다. 밑줄 친 부분에 알맞게 쓰세요.

> 변의 길이가 모두 같고 각의 크기가 모두 같은 다각형을 정다각형이라고 합니다.
>
> (변이 3개)　(변이 4개)　(변이 5개)　(변이 6개)
>
> 정삼각형　　정사각형　　정오각형　　정육각형
>
> 🐭 정다각형의 이름은 변이 ★개이면 정★각형 이라고 불러요.

정다각형은 ＿＿＿＿＿＿＿가 모두 같고

각의 크기가 ＿＿＿＿＿＿＿＿＿입니다.

2. 도형이 정다각형인지 아닌지 알아보고, 그 이유를 쓰세요.

(1)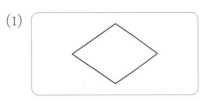

> 마름모는 정다각형(입니다 , 이 아닙니다).

이유 변의 길이는 모두 같지만 ＿＿＿＿＿＿＿가 모두 같지 않기 때문입니다.

(2)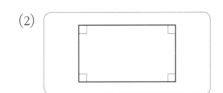

> 직사각형은 정다각형(입니다 , 이 아닙니다).

이유 각의 크기는 모두 같지만 ＿＿＿＿＿＿＿가 모두 같지 않기 때문입니다.

(3)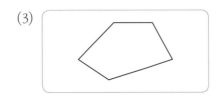

> 정다각형(입니다 , 이 아닙니다).

이유 변＿＿＿＿＿와 ＿＿＿＿＿가 모두 같지 않기 때문입니다.

1. 정오각형의 한 변의 길이가 7 cm일 때 모든 변의 길이의 합은 몇 cm일까요?

🐭 (모든 변의 길이의 합)
=(한 변의 길이)×(변의 수)

생각하며 푼다!

정오각형은 변의 길이가 모두 같고 변이 ☐개입니다.

따라서 모든 변의 길이의 합은 7 × ☐ = ☐ (cm)입니다.

답 _____

2. 정칠각형에서 모든 변의 길이의 합은 몇 cm일까요?

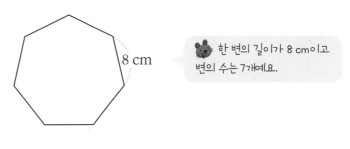

8 cm

🐭 한 변의 길이가 8 cm이고 변의 수는 7개예요.

_____

3. 철사로 한 변이 5 cm인 정십각형을 만들었습니다. 만든 정십각형의 모든 변의 길이의 합은 몇 cm일까요?

_____

4. 목장에 한 변이 3 m인 정구각형 울타리를 치려고 합니다. 울타리의 길이는 모두 몇 m일까요?

_____

1. 오른쪽 정다각형의 모든 변의 길이의 합은 99 cm입니다. 한 변의 길이는 몇 cm일까요?

변의 수를 먼저 세어 보세요.

생각하며 푼다!

정다각형은 변의 길이가 모두 같고 변이 9 개입니다.

(한 변의 길이)=(모든 변의 길이의 합)÷(변의 수)

　　　　　　=99÷□=□ (cm)

답 _____

2. 오른쪽 정다각형의 모든 변의 길이의 합은 48 cm입니다. 한 변의 길이는 몇 cm일까요?

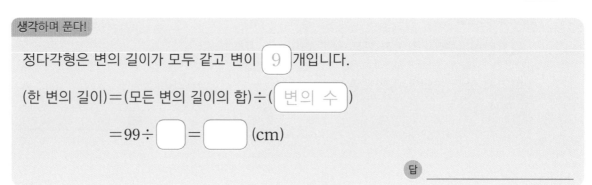

정다각형은 변의 길이가 모두 같으니까 변의 수만 알면 모든 변의 길이의 합을 구할 수 있어요.

_____

3. 길이가 45 cm인 철사를 남기거나 겹치는 부분이 없도록 구부려서 정오각형을 한 개 만들었습니다. 만든 한 변의 길이는 몇 cm일까요?

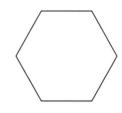

정오각형의 5개의 변의 길이는 모두 같아요.

_____

4. 길이가 40 cm인 철사를 남기거나 겹치는 부분이 없도록 구부려서 정팔각형을 한 개 만들었습니다. 만든 한 변의 길이는 몇 cm일까요?

_____

1. 한 변이 4 cm이고 모든 변의 길이의 합이 48 cm인 정다각형이 있습니다. 이 도형의 이름을 쓰세요.

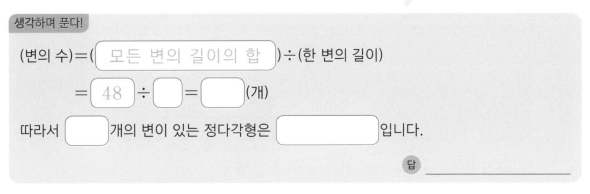

정다각형은 변의 수에 따라 이름이 정해지므로 변의 수를 먼저 구해 보세요.

생각하며 푼다!

(변의 수)=(모든 변의 길이의 합)÷(한 변의 길이)

= 48 ÷ ☐ = ☐ (개)

따라서 ☐ 개의 변이 있는 정다각형은 ☐ 입니다.

답 _____

2. 한 변이 3 cm이고 모든 변의 길이의 합이 60 cm인 정다각형이 있습니다. 이 도형의 이름을 쓰세요.

_____

★3. 다음이 나타내는 도형에 대한 설명입니다. 밑줄 친 부분을 알맞게 쓰세요.

한 변이 6 cm이고 모든 변의 길이의 합이 54 cm인 정다각형입니다.

(1) _____으로만 _____ 도형입니다.

(2) 변의 수는 _____개입니다.

(3) 이 도형의 이름은 _____입니다.

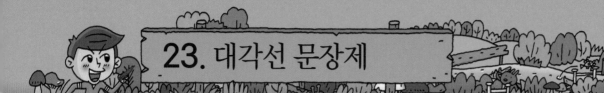

23. 대각선 문장제

1. 정다각형에 대한 설명입니다. 밑줄 친 부분에 알맞게 쓰세요.

> 다각형에서 선분 ㄱㄷ, 선분 ㄴㄹ과 같이 서로 이웃하지 않는 두 꼭짓점을 이은 선분을 대각선이라고 합니다.
>
>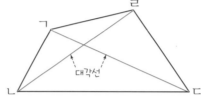
>
> 🐻 삼각형의 대각선은 0개,
> 사각형의 대각선은 2개!

(1) 다각형에서 선분 ㄱㄷ, 선분 ㄴㄹ과 같이 _____

두 꼭짓점을 이은 선분을 대각선이라고 합니다.

(2) 대각선은 서로 이웃하지 않는 _____ 선분입니다.

2. 삼각형에는 대각선을 그을 수 있는지, 없는지 판단하여 ○표 하고 그 이유를 쓰세요.

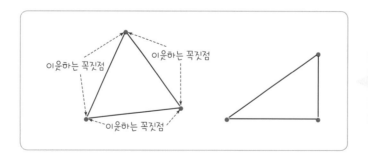

🐻 대각선이 없는 다각형은
삼각형뿐이에요.
삼각형은 꼭짓점 3개가
서로 이웃하고 있어서
대각선을 그을 수 없어요.

답 삼각형은 대각선을 그을 수 (있습니다 , 없습니다).

이유 삼각형은 꼭짓점 3개가 _____ 있기 때문입니다.

1. 표시된 꼭짓점에서 그을 수 있는 대각선을 모두 그어 보고 ☐ 안에 알맞은 수나 말을 써넣으세요.

대각선의 수: ☐1 개   ☐ 개   ☐ 개

꼭짓점의 수가 ☐많은 다각형일수록 더 ☐ 대각선을 그을 수 있습니다.

2. 두 다각형의 대각선은 모두 몇 개일까요?

🐭 그을 수 있는 대각선을 모두 그어 보세요.

(1)

☐2 개   ☐ 개

_____

(2)
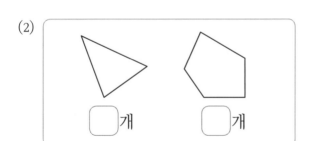

☐ 개   ☐ 개

_____

(3)
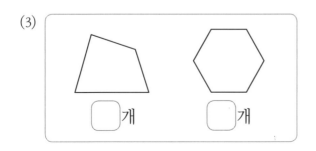

☐ 개   ☐ 개

_____

⭐ 도형에 그은 대각선을 보고 밑줄 친 부분에 알맞게 쓰세요.

1.

직사각형

정사각형

🐻 두 대각선의 길이가 같은 사각형은 직사각형과 정사각형이에요.

(1) 두 대각선의 길이가 ____같습니다____ .

(2) 두 대각선의 길이가 같은 사각형은 직사각형과 _____입니다.

2.

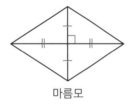
마름모

정사각형

🐭 두 대각선이 서로 수직으로 만나는 사각형은 마름모와 정사각형이에요.

(1) 두 대각선이 서로 _____ 만납니다.

(2) 두 대각선이 서로 수직으로 만나는 사각형은 _____와 정사각형입니다.

🐭 한 대각선이 다른 대각선을 반으로 나누는 사각형은 평행사변형, 마름모, 직사각형, 정사각형이에요.

3.

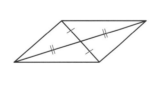
평행사변형

마름모

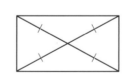
직사각형

정사각형

(1) 한 대각선이 다른 대각선을 _____으로 나눕니다.

(2) 한 대각선이 다른 대각선을 반으로 나누는 사각형은 _____,

_____, _____, _____입니다.

1. 평행사변형의 두 대각선의 길이의 합은 몇 cm일까요?

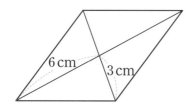

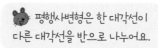
평행사변형은 한 대각선이 다른 대각선을 반으로 나누어요.

_____

2. 직사각형의 두 대각선의 길이의 합은 20 cm입니다. ㉠의 길이는 몇 cm일까요?

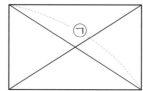

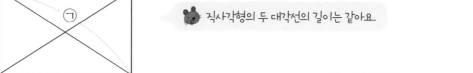
직사각형의 두 대각선의 길이는 같아요.

_____

3. 정사각형의 두 대각선의 길이의 합은 26 cm입니다. ㉠의 길이는 몇 cm일까요?

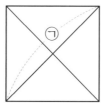

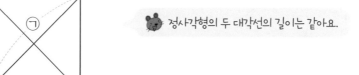
정사각형의 두 대각선의 길이는 같아요.

_____

4. 직사각형의 두 대각선의 길이의 합은 16 cm이고 정사각형의 두 대각선의 길이의 합은 12 cm입니다. ㉠과 ㉡의 길이의 합은 몇 cm일까요?

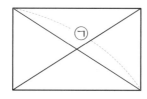

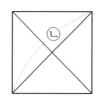

_____

6. 다각형

한 문항당 10점

1. 8개의 선분으로 둘러싸인 도형을 무엇이라고 할까요?

( )

2. 다음에서 설명하는 도형의 이름을 쓰세요.

> • 선분으로만 둘러싸인 도형입니다.
> • 변의 수는 9개입니다.

( )

3. 다음 도형은 다각형이 아닙니다. 다각형이 아닌 이유를 쓰세요. (20점)

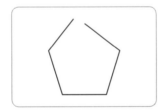

이유 선분으로만 둘러싸여 있어야 하는데

_____

4. 정칠각형의 한 변이 4 cm일 때 모든 변의 길이의 합은 몇 cm일까요?

( )

5. 길이가 72 cm인 철사를 남기거나 겹치는 부분이 없도록 구부려서 정육각형을 한 개 만들려고 합니다. 한 변의 길이는 몇 cm일까요?

( )

6. 사각형과 육각형의 대각선의 수의 합은 몇 개일까요?

( )

7. 다음에서 설명하는 도형의 이름을 쓰세요.

> • 두 대각선의 길이가 같습니다.
> • 두 대각선이 서로 수직으로 만납니다.

( )

8. 직사각형의 두 대각선의 길이의 합은 20 cm이고 정사각형의 두 대각선의 길이의 합은 14 cm입니다. ㉠과 ㉡의 길이의 합은 몇 cm일까요? (20점)

( )

나 혼자 푼다! 수학 문장제

4학년 2학기

정답 및 풀이

01. 진분수의 덧셈 문장제

10쪽

1. $\dfrac{3}{6}$

2. $\dfrac{7}{8}$

3. $\dfrac{7}{10}$ L

4. $\dfrac{3}{4}$

5. $\dfrac{8}{9}$

11쪽

1. 생각하며 푼다! $\dfrac{2}{7}, \dfrac{2}{7}, \dfrac{4}{7}$

   답 $\dfrac{4}{7}$ L

2. 생각하며 푼다! 갔다 온 거리, $\dfrac{3}{11}, \dfrac{3}{11}, \dfrac{6}{11}$

   답 $\dfrac{6}{11}$ km

3. 생각하며 푼다! 리본 끈의 길이, $\dfrac{2}{5}, \dfrac{2}{5}, \dfrac{4}{5}$

   답 $\dfrac{4}{5}$ m

12쪽

1. 생각하며 푼다! $\dfrac{3}{4}, \dfrac{2}{4}, \dfrac{5}{4}, 1\dfrac{1}{4}$

   답 $1\dfrac{1}{4}$ kg

2. 생각하며 푼다! 희수, $\dfrac{4}{7}, \dfrac{5}{7}, \dfrac{9}{7}, 1\dfrac{2}{7}$

   답 $1\dfrac{2}{7}$ km

3. 생각하며 푼다! 송현이가 사용한 철사의 길이,

   $\dfrac{5}{9}, \dfrac{6}{9}, \dfrac{11}{9}, 1\dfrac{2}{9}$

   답 $1\dfrac{2}{9}$ m

13쪽

1. 생각하며 푼다! $\dfrac{5}{8}, \dfrac{4}{8}, \dfrac{9}{8}, 1\dfrac{1}{8}$

   답 $1\dfrac{1}{8}$ m

2. 생각하며 푼다! 처음에 들어 있던,

   $\dfrac{7}{9}, \dfrac{6}{9}, \dfrac{13}{9}, 1\dfrac{4}{9}$

   답 $1\dfrac{4}{9}$ L

3. 생각하며 푼다! 어제 숙제를 한 시간,

   $\dfrac{9}{13}, \dfrac{5}{13}, \dfrac{14}{13}, 1\dfrac{1}{13}$

   답 $1\dfrac{1}{13}$ 시간

02. (진분수)−(진분수), 1−(진분수) 문장제

14쪽

1. 생각하며 푼다! $2, \dfrac{6}{9}, \dfrac{2}{9}$

   답 $\dfrac{6}{9}, \dfrac{2}{9}$

2. 생각하며 푼다! $8, 1, \dfrac{8}{11}, \dfrac{1}{11}$

   답 $\dfrac{8}{11}, \dfrac{1}{11}$

3. 생각하며 푼다!

   예 합이 12, 차가 6이 되는 자연수를 찾으면 9, 3입니다.

   따라서 두 진분수를 구하면 $\dfrac{9}{13}, \dfrac{3}{13}$입니다.

   답 $\dfrac{9}{13}, \dfrac{3}{13}$

1. 생각하며 푼다! $\dfrac{7}{8}, \dfrac{2}{8}, \dfrac{5}{8}$

답 $\dfrac{5}{8}$ kg

2. 생각하며 푼다! $\dfrac{11}{12}, \dfrac{6}{12}, \dfrac{5}{12}$

답 $\dfrac{5}{12}$ L

3. 생각하며 푼다! 걸어간 거리, $\dfrac{9}{15}, \dfrac{7}{15}, \dfrac{2}{15}$

답 $\dfrac{2}{15}$ km

1. 생각하며 푼다! $\dfrac{5}{7}, \dfrac{3}{7}, \dfrac{2}{7}$

답 $\dfrac{2}{7}$ 시간

2. 생각하며 푼다! 세로, $\dfrac{11}{13}, \dfrac{7}{13}, \dfrac{4}{13}$

답 $\dfrac{4}{13}$ m

3. 생각하며 푼다! 석진, 유빈, $\dfrac{9}{10}, \dfrac{6}{10}, \dfrac{3}{10}$

답 $\dfrac{3}{10}$ kg

1. 생각하며 푼다! $1, \dfrac{2}{9}, \dfrac{9}{9}, \dfrac{2}{9}, \dfrac{7}{9}$

답 $\dfrac{7}{9}$ L

2. 생각하며 푼다! $1, \dfrac{5}{8}, \dfrac{8}{8}, \dfrac{5}{8}, \dfrac{3}{8}$

답 $\dfrac{3}{8}$ m

3. 생각하며 푼다! $\dfrac{3}{11}, \dfrac{2}{11}, \dfrac{5}{11}, 1, \dfrac{5}{11}, \dfrac{11}{11}, \dfrac{5}{11}, \dfrac{6}{11}$

답 $\dfrac{6}{11}$ kg

03. 대분수의 덧셈 문장제

1. 생각하며 푼다! $7\dfrac{2}{8}, 1\dfrac{5}{8}, 8\dfrac{7}{8}$

답 $8\dfrac{7}{8}$ kg

2. 생각하며 푼다! 세로, $6\dfrac{3}{13}, 2\dfrac{6}{13}, 8\dfrac{9}{13}$

답 $8\dfrac{9}{13}$ m

3. $4\dfrac{4}{5}$ m

––––––––––––––––––––––––––––––––––––

3. $3\dfrac{1}{5} + 1\dfrac{3}{5} = 4\dfrac{4}{5}$ (m)

1. 생각하며 푼다! $4\dfrac{2}{9}, 3\dfrac{3}{9}, 7\dfrac{5}{9}$

답 $7\dfrac{5}{9}$ L

2. 생각하며 푼다! 오후에 읽은 시간, $1\dfrac{3}{6}, 2\dfrac{2}{6}, 3\dfrac{5}{6}$

답 $3\dfrac{5}{6}$ 시간

3. $3\dfrac{9}{11}$ km

––––––––––––––––––––––––––––––––––––

3. $2\dfrac{4}{11} + 1\dfrac{5}{11} = 3\dfrac{9}{11}$ (km)

1. 생각하며 푼다! $2\dfrac{6}{7}, 1\dfrac{4}{7}, 3\dfrac{10}{7}, 4\dfrac{3}{7}$

답 $4\dfrac{3}{7}$ L

2. 생각하며 푼다! 물탱크의 들이, $12\dfrac{3}{4}, 3\dfrac{2}{4}, 15\dfrac{5}{4}, 16\dfrac{1}{4}$

답 $16\dfrac{1}{4}$ L

3. $8\dfrac{5}{12}$ L

––––––––––––––––––––––––––––––––––––

3. $5\dfrac{7}{12} + 2\dfrac{10}{12} = 7\dfrac{17}{12} = 8\dfrac{5}{12}$ (L)

21쪽

1. 생각하며 푼다! 3, $1\frac{3}{8}$, $4\frac{3}{8}$, $1\frac{3}{8}$, $5\frac{6}{8}$

   답 $5\frac{6}{8}$

2. 생각하며 푼다! $6\frac{5}{9}$, $2\frac{5}{9}$, $6\frac{5}{9}$, $2\frac{5}{9}$, $8\frac{10}{9}$, $9\frac{1}{9}$

   답 $9\frac{1}{9}$

04. 받아내림이 없는 대분수의 뺄셈 문장제

22쪽

1. 생각하며 푼다! $4\frac{7}{9}$, $1\frac{2}{9}$, $3\frac{5}{9}$, $3\frac{5}{9}$

   답 $3\frac{5}{9}$

2. 생각하며 푼다! $6\frac{6}{7}$, $6\frac{6}{7}$, $4\frac{5}{7}$, $2\frac{1}{7}$, $2\frac{1}{7}$

   답 $2\frac{1}{7}$

3. 생각하며 푼다!

   예) 어떤 수를 □라 하면 □$+3\frac{7}{15}=7\frac{11}{15}$,

   □$=7\frac{11}{15}-3\frac{7}{15}=4\frac{4}{15}$입니다.

   따라서 어떤 수는 $4\frac{4}{15}$입니다.

   답 $4\frac{4}{15}$

23쪽

1. 생각하며 푼다! $4\frac{7}{9}$, $1\frac{5}{9}$, $3\frac{2}{9}$

   답 $3\frac{2}{9}$ kg

2. 생각하며 푼다! 사용한, $3\frac{5}{8}$, $1\frac{2}{8}$, $2\frac{3}{8}$

   답 $2\frac{3}{8}$ L

3. 생각하며 푼다! 먹은 딸기의 양, $5\frac{8}{11}$, $2\frac{3}{11}$, $3\frac{5}{11}$

   답 $3\frac{5}{11}$ kg

24쪽

1. 생각하며 푼다! $8\frac{6}{7}$, $6\frac{2}{7}$, $2\frac{4}{7}$

   답 $2\frac{4}{7}$ m

2. 생각하며 푼다! 시우, $32\frac{10}{13}$, $2\frac{4}{13}$, $30\frac{6}{13}$

   답 $30\frac{6}{13}$ kg

3. 생각하며 푼다! 초록색, 주황색, $6\frac{13}{15}$, $3\frac{5}{15}$, $3\frac{8}{15}$

   답 $3\frac{8}{15}$ m

25쪽

1. 생각하며 푼다! $3\frac{4}{6}$, 분홍색, 검은색, $4\frac{5}{6}$, $3\frac{4}{6}$, $1\frac{1}{6}$

   답 분홍색 털실, $1\frac{1}{6}$ m

2. 생각하며 푼다! $3\frac{7}{8}$, 효리, 현서, $3\frac{7}{8}$, $3\frac{3}{8}$, $\frac{4}{8}$

   답 효리, $\frac{4}{8}$조각

3. 준영, $\frac{3}{10}$ kg

05. (자연수)−(분수) 문장제

26쪽

1. 생각하며 푼다! 종수, 찬호, 2, $1\frac{5}{14}$, $1\frac{14}{14}$, $1\frac{5}{14}$, $\frac{9}{14}$

   답 $\frac{9}{14}$ m

2. 생각하며 푼다! 가로, 세로, 4, $2\frac{6}{7}$, $3\frac{7}{7}$, $2\frac{6}{7}$, $1\frac{1}{7}$

   답 $1\frac{1}{7}$ m

3. 생각하며 푼다! 사과나무, 감나무, 10, $8\frac{3}{11}$, $9\frac{11}{11}$, $8\frac{3}{11}$, $1\frac{8}{11}$

   답 $1\frac{8}{11}$ m

27쪽

1. 생각하며 푼다! $4, 1\dfrac{1}{6}, 3\dfrac{6}{6}, 1\dfrac{1}{6}, 2\dfrac{5}{6}$

   답 $2\dfrac{5}{6}$ m

2. 생각하며 푼다! $2\dfrac{5}{9}, 10, 2\dfrac{5}{9}, 9\dfrac{9}{9}, 2\dfrac{5}{9}, 7\dfrac{4}{9}$

   답 $7\dfrac{4}{9}$ m

3. 생각하며 푼다! 이웃에 나누어 준, $5, 3\dfrac{5}{12}, 4\dfrac{12}{12}$,

   $3\dfrac{5}{12}, 1\dfrac{7}{12}$

   답 $1\dfrac{7}{12}$ kg

28쪽

1. 생각하며 푼다! $3, 2\dfrac{3}{4}, 2\dfrac{4}{4}, 2\dfrac{3}{4}, \dfrac{1}{4}$

   답 $\dfrac{1}{4}$ L

2. 생각하며 푼다! $12, 7\dfrac{5}{14}, 11\dfrac{14}{14}, 7\dfrac{5}{14}, 4\dfrac{9}{14}$

   답 $4\dfrac{9}{14}$ km

3. 생각하며 푼다! $29, \dfrac{10}{13}, 28\dfrac{13}{13} - \dfrac{10}{13} = 28\dfrac{3}{13}$

   답 $28\dfrac{3}{13}$ kg

29쪽

1. 생각하며 푼다! $\dfrac{3}{8}, \dfrac{3}{8}, \dfrac{3}{8}, \dfrac{9}{8}, 1\dfrac{1}{8}$,

   $4, 1\dfrac{1}{8}, 3\dfrac{8}{8}, 1\dfrac{1}{8}, 2\dfrac{7}{8}$

   답 $2\dfrac{7}{8}$ kg

2. 생각하며 푼다! $\dfrac{4}{5}, \dfrac{4}{5}, \dfrac{8}{5}, 1\dfrac{3}{5}$,

   $10, 1\dfrac{3}{5}, 9\dfrac{5}{5} - 1\dfrac{3}{5} = 8\dfrac{2}{5}$

   답 $8\dfrac{2}{5}$ m

30쪽

1. 생각하며 푼다! $6\dfrac{1}{5}, 6\dfrac{1}{5}, 2\dfrac{4}{5}, 3\dfrac{2}{5}, 3\dfrac{2}{5}, 2\dfrac{4}{5}, \dfrac{3}{5}$

   답 $\dfrac{3}{5}$

2. 생각하며 푼다! $1\dfrac{5}{8}, 7\dfrac{1}{8}, 7\dfrac{1}{8}, 1\dfrac{5}{8}, 5\dfrac{4}{8}$,

   $5\dfrac{4}{8}, 1\dfrac{5}{8}, 3\dfrac{7}{8}$

   답 $3\dfrac{7}{8}$

3. $1\dfrac{8}{11}$

31쪽

1. 생각하며 푼다! $1\dfrac{2}{3}$, 기차, 버스, $2\dfrac{1}{3}, 1\dfrac{2}{3}, \dfrac{2}{3}$

   답 기차, $\dfrac{2}{3}$시간

2. 생각하며 푼다! $4\dfrac{5}{6}$, 명수, 현지, $5\dfrac{1}{6}, 4\dfrac{5}{6}, \dfrac{2}{6}$

   답 명수, $\dfrac{2}{6}$ kg

3. 코끼리 모양, $\dfrac{4}{7}$ m

32쪽

1. 생각하며 푼다! $4\dfrac{5}{9}, 1\dfrac{8}{9}, 2\dfrac{6}{9}, 4\dfrac{5}{9}, 2\dfrac{6}{9}, 7\dfrac{2}{9}$

   답 $7\dfrac{2}{9}$ L

2. 생각하며 푼다! $2\dfrac{4}{12}, 4\dfrac{11}{12}, 7\dfrac{3}{12}$, 상자만의 무게,

   $9\dfrac{2}{12}, 7\dfrac{3}{12}, 1\dfrac{11}{12}$

   답 $1\dfrac{11}{12}$ kg

1. 생각하며 푼다! $5\frac{3}{4}$, $3\frac{2}{4}$, $9\frac{1}{4}$, $9\frac{1}{4}$, $7\frac{3}{4}$, $1\frac{2}{4}$

   답 $1\frac{2}{4}$ cm

2. 생각하며 푼다! $3\frac{6}{7}$, $1\frac{4}{7}$, $5\frac{3}{7}$, $5\frac{3}{7}$, $4\frac{5}{7}$, $\frac{5}{7}$

   답 $\frac{5}{7}$ m

 단원평가 이렇게 나와요!   34쪽

1. $1\frac{3}{8}$ kg   2. $\frac{5}{9}$ kg

3. $8\frac{1}{5}$ m   4. $3\frac{1}{13}$ km

5. 진아, $\frac{3}{4}$조각   6. $4\frac{7}{9}$ m

7. $2\frac{9}{12}$ 8. $\frac{4}{7}$ cm

1. $\frac{5}{8}+\frac{6}{8}=\frac{11}{8}=1\frac{3}{8}$ (kg)   2. $\frac{7}{9}-\frac{2}{9}=\frac{5}{9}$ (kg)

3. $4\frac{2}{5}+3\frac{4}{5}=7\frac{6}{5}=8\frac{1}{5}$ (m)

4. $\frac{4}{13}+2\frac{10}{13}=2\frac{14}{13}=3\frac{1}{13}$ (km)

5. $\frac{21}{4}=5\frac{1}{4}$이므로

   $5\frac{1}{4}-4\frac{2}{4}=4\frac{5}{4}-4\frac{2}{4}=\frac{3}{4}$(조각)입니다.

6. $6-\frac{11}{9}=6-1\frac{2}{9}=4\frac{7}{9}$ (m)

7. 어떤 수를 □라 하면 $□+1\frac{8}{12}=6\frac{1}{12}$,

   $□=6\frac{1}{12}-1\frac{8}{12}=5\frac{13}{12}-1\frac{8}{12}=4\frac{5}{12}$입니다.

   따라서 바르게 계산하면

   $4\frac{5}{12}-1\frac{8}{12}=3\frac{17}{12}-1\frac{8}{12}=2\frac{9}{12}$입니다.

8. (2개의 색 테이프의 길이의 합)

   $=4\frac{6}{7}+4\frac{3}{7}=8\frac{9}{7}=9\frac{2}{7}$ (cm)

   (겹쳐진 부분의 길이)

   $=9\frac{2}{7}-8\frac{5}{7}=8\frac{9}{7}-8\frac{5}{7}=\frac{4}{7}$ (cm)

 둘째 마당·삼각형

07. 변의 길이에 따라 삼각형을 분류하기

1. (1) 이등변삼각형 (2) 두 변의 길이

2. (1) 7 (2) 8

1. (1) 정삼각형 (2) 세 변의 길이

2. (1) 7, 7 (2) 13, 13

1. 생각하며 푼다! 두, 7, 7, 7, 10

   답 10 cm

2. 4 cm

3. 생각하며 푼다! 두, ㉠, 18, 10, 5

   답 5 cm

1. 생각하며 푼다! 세, 3, 3, 3, 18,

   답 18 cm

2. 33 cm

3. 생각하며 푼다! 세, 3, 3, 3, 12

   답 12 cm

4. 8 cm

08. 이등변삼각형의 성질, 정삼각형의 성질

1. 이유1 두 변의 길이가 같기

   이유2 두 각의 크기가 같기 때문에 이등변삼각형입
   니다.

2. (1) 30, 30

   (2) 65

41쪽

1. [설명] 75, 75, 있습니다, 입니다

2. [설명] 180, 50, 60, 없습니다, 아닙니다

3. [설명] $180° - 45° - 90° = 45°$이므로 크기가 같은 두 각이 있습니다. 따라서 이등변삼각형입니다.

42쪽

1. [이유1] 세 변의 길이가 같기

   [이유2] 세 각의 크기가 같기 때문에 정삼각형입니다.

2. (1) 60

   (2) 60, 60

43쪽

1. [생각하며 푼다!] 60, 60, 60, 120

   [답] 120°

2. 120°

3. [생각하며 푼다!] 60, 60, 120, 180, 60, 120

   [답] ㉠ 120°, ㉡ 120°

---

09. 각의 크기에 따라 삼각형을 분류하기

44쪽

1. (1) 예각삼각형 (2) 예각

2. (1) 둔각삼각형 (2) 둔각

45쪽

1. [삼각형의 이름] 직각삼각형

   [따라쓰기] 한 각이 직각이고 나머지 두 각이 예각이기 때문입니다.

2. [삼각형의 이름] 둔각삼각형

   [따라쓰기] 한 각이 둔각이고 나머지 두 각이 예각이기 때문입니다.

3. [삼각형의 이름] 예각삼각형

   [따라쓰기] 세 각이 모두 예각이기 때문입니다.

46쪽

1.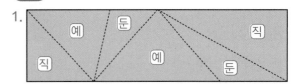

2.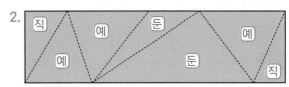

3.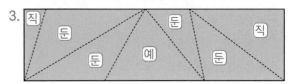

47쪽

1. 틀립니다

   [이유] 둔각삼각형과 직각삼각형에도 예각이 있기 때문에 세 각이 모두 예각이어야 예각삼각형입니다.

2. 틀립니다

   [이유] 둔각삼각형의 세 각 중 한 각만 둔각이고 나머지 두 각은 예각이기 때문입니다.

---

10. 삼각형을 두 가지 기준으로 분류하기

48쪽

변, 각 / 이등변, 정 / 둔각

1. 이등변삼각형, 둔각삼각형에 선 잇기

2. 정삼각형, 예각삼각형에 선 잇기

3. 이등변삼각형, 직각삼각형에 선 잇기

49쪽

1. (1) 이등변삼각형

   (2) 이등변삼각형

   (3) 직각삼각형

2. (1) 이등변삼각형

   (2) 이등변삼각형

   (3) 둔각삼각형

3. (1) 이등변삼각형

   (2) 정삼각형

   (3) 예각삼각형

50쪽

1. 이등변삼각형, 정삼각형, 예각삼각형

2. 이등변삼각형, 예각삼각형

3. 직각삼각형, 이등변삼각형

4. 이등변삼각형, 둔각삼각형

51쪽

1. ❶ 길이가 같습니다. ➡ 이등변삼각형

  ❷ 모두 예각입니다. ➡ 예각삼각형

2. ❶ 길이가 같습니다. ➡ 이등변삼각형

  ❷ 둔각입니다. ➡ 둔각삼각형

3. ❶ 두 변의 길이가 같습니다. ➡ 이등변삼각형

  ❷ 세 각이 모두 예각입니다. ➡ 예각삼각형

 단원평가 이렇게 나와요!　　　　**52쪽**

1. 8 cm　　　　　　　2. 15 cm

3. 50, 50　　　　　　4. 60, 60

5. 120°

6. 한 각이 둔각인 삼각형

7. 삼각형의 이름　예각삼각형

  이유　세 각이 모두 예각이기 때문입니다.

8. 예각삼각형, 정삼각형, 이등변삼각형

1. 이등변삼각형이므로 다른 한 변의 길이도 6 cm입니다.

  따라서 ㉠의 길이는 20−6−6=8 (cm)입니다.

2. 45÷3=15 (cm)

 셋째 마당·소수의 덧셈과 뺄셈

11. 소수 두 자리 수, 소수 세 자리 수 문장제

54쪽

1. (1) 일, 2

  (2) 소수 첫째, 0.8

  (3) 소수 둘째, 0.05

2. (1) 일, 6

  (2) 소수 첫째, 0.3

  (3) 소수 둘째, 0.04

  (4) 소수 셋째, 0.007

3. (1) 7, 0.07

  (2) 100

4. (1) 2, 0.002

  (2) 1000

55쪽

1. 6.37, 육 점 삼칠

2. 49.25, 사십구 점 이오

3. 8.364, 팔 점 삼육사

4. 생각하며 푼다!　0.043, 0.21, 1.7, 0.043, 0.21, 1.7, 1.953

  답　1.953

5. 4.475

----

5. 0.001이 25이면 0.025, 0.01이 15이면 0.15, 0.1이 43이면 4.3입니다.

  따라서 구하는 소수 세 자리 수는

  0.025+0.15+4.3=4.475입니다.

56쪽

1. 생각하며 푼다!　9, 2, 1, 9.261

  답　9.261

2. 생각하며 푼다!　3, 4, 5, 3.745

  답　3.745

3. 8.325

57쪽

1. 생각하며 푼다! 3, 3, 2, 9, 4, 삼, 이, 구, 사

   답 3.294, 삼 점 이구사

2. 생각하며 푼다! 6, 6, 3, 5, 6, 3, 8, 5, 육, 삼, 팔, 오

   답 6.385, 육 점 삼팔오

12. 소수의 크기 비교하기, 소수 사이의 관계 문장제

58쪽

1. 생각하며 푼다! 4.97, 4.98, 4.99, 3

   답 3개

2. 생각하며 푼다! 6.01, 6.02, 6.03, 6.04, 4

   답 4개

3. 생각하며 푼다! 3.725, 3.726, 3.727, 3.728, 3.729, 5

   답 5개

4. 2개

----

4. 9.168, 9.169 → 2개

59쪽

1. 생각하며 푼다! 둘째, <, <, 망고

   답 망고 주스

2. 생각하며 푼다! 일, 첫째, >, >, 체육관

   답 체육관

3. 생각하며 푼다! 일, 소수 첫째, <, <, 찬호

   답 찬호

60쪽

1. 0.1, 0.01

2. 0.7, 0.07

3. 0.58, 0.058

4. 6.29, 0.629

5. 100, 1000

6. 100

   생각하며 푼다! 100, 100

7. 1000

8. 100

61쪽

1. 생각하며 푼다! 3.85, 3.85, 소수 둘째, 0.05

   답 0.05

2. 생각하며 푼다! 19.4, 19.4, 소수 첫째, 0.4

   답 0.4

3. 생각하며 푼다! 0.173, 0.173, 소수 셋째, 0.003

   답 0.003

4. 0.06

13. 소수 한 자리 수의 덧셈과 뺄셈 문장제

62쪽

1. 생각하며 푼다! 5.3, 3.5, 5.3, 3.5, 8.8

   답 8.8

2. 생각하며 푼다! 7.2, 2.7, 7.2, 2.7, 9.9

   답 9.9

3. 생각하며 푼다!

   예 만들 수 있는 가장 큰 수는 6.4이고 가장 작은 수는 4.6입니다.

   따라서 두 수의 합은 6.4+4.6=11입니다.

   답 11

63쪽

1. 생각하며 푼다! 4.7, 3.2, 4.7, 3.2, 7.9

   답 7.9

2. 생각하며 푼다! 6.3, 1.8, 6.3, 1.8, 8.1

   답 8.1

3. 생각하며 푼다! 3.7, 2.6, 6.3, 3.4, 6.3+3.4=9.7

   답 9.7

64쪽

1. 생각하며 푼다! 7.3, 3.7, 7.3, 3.7, 3.6

   답 3.6

2. 생각하며 푼다! 9.4, 4.9, 9.4, 4.9, 4.5

   답 4.5

3. 생각하며 푼다!

   예 만들 수 있는 가장 큰 수는 8.6이고 가장 작은 수는 6.8입니다.

   따라서 두 수의 차는 8.6-6.8=1.8입니다.

   답 1.8

65쪽

1. 생각하며 푼다! 4.2, 0.7, 3.5

   답 3.5 kg

2. 생각하며 푼다! 마시고 남은 물의 양,

   1.5, 0.9, 0.6

   답 0.6 L

3. 생각하며 푼다! 사용한 철사의 길이,

   4.6-2.7=1.9

   답 1.9 m

---

14. 소수 두 자리 수의 덧셈과 뺄셈 문장제

66쪽

1. 생각하며 푼다! 0.83, 1.49, 2.32

   답 2.32 m

2. 생각하며 푼다! 석준이의 책가방 무게, 3.92, 4.25,

   8.17

   답 8.17 kg

3. 생각하며 푼다!

   예 (현모와 성우가 딴 포도의 양)

   =(현모가 딴 포도의 양)+(성우가 딴 포도의 양)

   =2.58+4.63=7.21 (kg)

   답 7.21 kg

67쪽

1. 생각하며 푼다! 1.26, 0.5, 1.76

   답 1.76 m

2. 생각하며 푼다! 꽃밭의 세로, 4.75, 3.26, 8.01

   답 8.01 m

3. 생각하며 푼다!

   예 (배 한 봉지의 무게)

   =(사과 한 봉지의 무게)+(더 무거운 무게)

   =2.65+1.78=4.43 (kg)

   답 4.43 kg

68쪽

1. 생각하며 푼다! 23.13, 23.08, 23.13, 23.08, 0.05

   답 현준, 0.05 m

2. 생각하며 푼다! 남은 밀가루의 양, 2.53, 0.94, 1.59

   답 1.59 kg

3. 생각하며 푼다!

   예 (선아의 몸무게)

   =(선아 어머니의 몸무게)-(더 가벼운 몸무게)

   =58.4-16.75=41.65 (kg)

   답 41.65 kg

1. 생각하며 푼다! 8.35, 8.35, 2.68, 5.67, 5.67, 2.68, 2.99

   답 2.99

2. 생각하며 푼다! 5.42, 5.42, 0.93, 4.49, 4.49, 0.93, 3.56

   답 3.56

3. 생각하며 푼다!

   예 어떤 수를 □라 하면

   □+1.59=6.04, □=6.04−1.59=4.45입니다. 따라서 바르게 계산하면 4.45−1.59=2.86입니다.

   답 2.86

단원평가 이렇게 나와요! 70쪽

1. 2.86
2. 9.562, 2.569
3. 5개
4. 0.007
5. 1.2 kg
6. 3.6 kg
7. 1.64 m
8. 2.58

3. 7.94보다 크고 8보다 작은 소수 두 자리 수는 7.95, 7.96, 7.97, 7.98, 7.99로 모두 5개입니다.

8. 어떤 수를 □라 하면

   □+3.28=9.14, □=9.14−3.28=5.86입니다. 따라서 바르게 계산하면 5.86−3.28=2.58입니다.

넷째 마당·사각형

15. 수직, 평행, 평행선 사이의 거리

72쪽

1. (1) 직선, 직각 (2) 수선
2. (1) 나 (2) 수선

73쪽

1. (1) 만나지 않는 두 직선 (2) 평행, 평행선
2. (1) 나 (2) 마 (3) 바

74쪽

1. 1쌍
2. 2쌍
3. 2쌍
4. 2쌍
5. 2쌍
6. 2쌍
7. 3쌍
8. 4쌍

75쪽

1. (1) 수선, 수선
   (2) 평행선 사이의 거리
2. (1) 6 cm (2) 8 cm
3. (1) 16 cm (2) 14 cm

16. 여러 가지 사각형 기본 문장제

76쪽

1. (1) 사다리꼴 (2) 한 쌍이라도
2. (1) 평행사변형 (2) 두 쌍의 변
3. (1) 마름모 (2) 네 변의 길이가 모두 같은

77쪽

1. ❶ 두 변의 길이
   ❷ 마주 보는 두 각의 크기
   ❸ 이웃한 두 각, 180°
2. ❶ 네 변의 길이가 모두
   ❷ 두 각의 크기
   ❸ 이웃한 두 각의 크기의 합이 180°
   ❹ 서로 수직으로 만나고 이등분합니다.

78쪽

1. ❶ 네 각이 모두 직각
   ❷ 마주 보는 두 변의 길이
   ❸ 마주 보는 두 쌍의 변
2. ❶ 네 변의 길이가 모두
   ❷ 네 각이 모두 직각
   ❸ 마주 보는 두 쌍의 변

79쪽

1. 답 사다리꼴
   이유 예 마주 보는 한 쌍의 변이 평행하기
2. 답 평행사변형
   이유 예 두 쌍의 변이 평행하기, 평행사변형
3. 답 마름모
   이유 예 모두 같기 때문에 마름모
4. 답 직사각형은 정사각형
   이유 예 길이가 같지는 않기

17. 여러 가지 사각형 응용 문장제

80쪽

1. 생각하며 푼다! 두, 5, 5, 5, 28
   답 28 cm
2. 40 cm
3. 생각하며 푼다! 두, 7, 30, 16, 8
   답 8 cm
4. 10 cm

81쪽

1. 생각하며 푼다! 180, 180, 180, 120, 60
   답 60°
2. 130°
3. 생각하며 푼다! 180, 110, 110, 180, 110, 70
   답 70°
4. 145°

82쪽

1. 생각하며 푼다! 네, 4, 32
   답 32 cm
2. 48 cm
3. 생각하며 푼다! 네, 4, 15
   답 15 cm
4. 7 cm

83쪽

1. 생각하며 푼다! 두, 8, 8, 40
   답 40 cm
2. 생각하며 푼다! 22, 22, 8, 4
   답 4 cm
3. 9 cm   4. 9 cm

 단원평가 이렇게 나와요!   84쪽

1. 수선   2. 3쌍
3. 평행사변형
4. 네 변의 길이가 모두 같은
5. 정사각형   6. 6 cm
7. 14 cm   8. 7 cm

6. 평행사변형은 마주 보는 두 쌍의 변의 길이가 같으므로 나머지 두 변의 길이도 ㉠, 8 cm입니다.
   따라서 ㉠+8 cm+㉠+8 cm=28 cm,
   ㉠+㉠+16 cm=28 cm,
   ㉠+㉠=12 cm, ㉠=6 cm입니다.
8. 직사각형의 세로를 □ cm라 하면
   11+□+11+□=36, □+□+22=36,
   □+□=14, □=7입니다.

다섯째 마당·꺾은선그래프

 18. 꺾은선그래프에서 알 수 있는 내용 알아보기

86쪽

1. 가로: 시각, 세로: 온도

2. 1 ℃　　　　　　　　　3. 온도

4. 15 ℃　　　　　　　　　5. 오후 1시, 23 ℃

87쪽

1. 가로: 요일, 세로: 키

2. 목요일, 금요일　　　　　3. 월요일, 화요일

4. 16 cm　　　　　　　　5. 5 cm

88쪽

1. 가로: 학년, 세로: 몸무게

2. 1 kg　　　　　　　　　3. 4학년

4. 약 24 kg　　　　　　　5. 4 kg

89쪽

1. (1) 요일, 횟수　(2) 1

2. (1) 0　(2) 20

3. (1) 20　(2) 넓어져서

 19. 꺾은선그래프 그리기

90쪽

1. 가로: 월, 세로: 강수량

2. 1 mm

3. 풀이 참조

3.

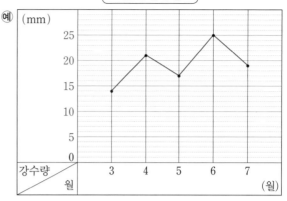

월별 강수량

91쪽

1. 가로: 요일, 세로: 기록

2. 풀이 참조　　　　　　　3. 화요일, 수요일

4. 월요일, 화요일

2.

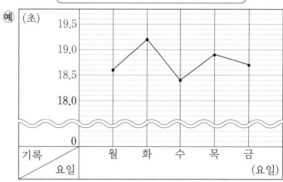

경석이의 100 m 달리기 기록

92쪽

1. 가로: 월, 세로: 키　　　2. 0.2 cm

3. 풀이 참조　　　　　　　4. 4월, 5월

3.

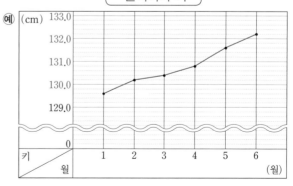

민혁이의 키

93쪽

1. 가로: 요일, 세로: 횟수

2. 95회

3.

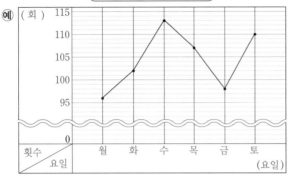

줄넘기를 한 횟수

20. 꺾은선그래프는 어디에 쓰이는지 알아보기

94쪽

1. 예

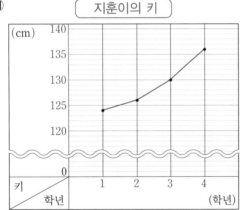

지훈이의 키

2. 1학년, 2학년, 3학년과 4학년 사이입니다.

3. 예 144 cm

예상 4 cm, 6 cm, 예 8 cm

95쪽

1. 생각하며 푼다! 36, 23, 13

답 13 kg

2. 생각하며 푼다! 1, 3, 2, 3, 2, 6

답 6칸

96쪽

1. 8, 10, 13, 17, 19, 22, 23

2. 5, 6, 10, 12, 15, 18, 19

3. 낮 12시

4. 4 ℃

97쪽

1. 식물 (다)

2. 식물 (나)

3. 답 예 식물 (가)

이유 올라가지, 내려가기

단원평가 이렇게 나와요! 98쪽

1. 가로: 시각, 세로: 온도

2. 1 ℃   3. 23 ℃

4. 17.5초, 0.1초   5. 풀이 참조

6. 수요일, 목요일

5.

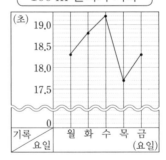

100 m 달리기 기록

여섯째 마당·다각형

 22. 변의 길이와 각의 크기가 같은 정다각형 문장제

21. 다각형 문장제

100쪽

1. (1) 선분으로만 둘러싸인 도형
   (2) 육각형, 칠각형, 팔각형
2. (1) 7, 칠각형
   (2) 8, 팔각형

101쪽

1. (1) 오각형 (2) 육각형
   (3) 팔각형 (4) 구각형
2. 오각형
3. 칠각형
4. 구각형
5. 십이각형

102쪽

1. (1) 칠각형
   (2) 팔각형
   (3) 십각형
2. (1) • 선분, 둘러싸인
      • 6
      • 육각형
   (2) • 선분으로만 둘러싸인
      • 9
      • 구각형

103쪽

1. 곡선으로만 이루어진 도형이기 때문에 다각형이 아닙니다.
2. 선분으로만 둘러싸인 도형이 아니라 곡선이 포함된 도형이기 때문에 다각형이 아닙니다.
3. 선분으로만 둘러싸여 있어야 하는데 둘러싸여 있지 않기 때문에 다각형이 아닙니다.

104쪽

1. 변의 길이, 모두 같은 다각형
2. (1) 이 아닙니다
      이유 각의 크기
   (2) 이 아닙니다
      이유 변의 길이
   (3) 이 아닙니다
      이유 의 길이, 각의 크기

105쪽

1. 생각하며 푼다! 5, 5, 35
   답 35 cm
2. 56 cm
3. 50 cm
4. 27 m

106쪽

1. 생각하며 푼다! 9, 변의 수, 9, 11
   답 11 cm
2. 8 cm
3. 9 cm
4. 5 cm

107쪽

1. 생각하며 푼다! 모든 변의 길이의 합,
              48, 4, 12, 12, 정십이각형
   답 정십이각형
2. 정이십각형
3. (1) 선분, 둘러싸인
   (2) 9
   (3) 정구각형

108쪽

1. ⑴ 서로 이웃하지 않는

   ⑵ 두 꼭짓점을 이은

2. 없습니다

   이유 서로 이웃하고

109쪽

1.

   1, 2, 3

   많은, 많은

2. ⑴ 2, 5, 7개

   ⑵ 0, 5, 5개

   ⑶ 2, 9, 11개

----

2. ⑴

   2개　　5개　　, 7개

   ⑵

   0개　　5개　　, 5개

   ⑶

   2개　　9개　　, 11개

110쪽

1. ⑴ 같습니다

   ⑵ 정사각형

2. ⑴ 수직으로

   ⑵ 마름모

3. ⑴ 반

   ⑵ 평행사변형, 마름모, 직사각형, 정사각형

111쪽

1. 18 cm

2. 10 cm

3. 13 cm

4. 14 cm

----

4. ㉠＝16÷2＝8 (cm)

   ㉡＝12÷2＝6 (cm)

   → ㉠＋㉡＝8＋6＝14 (cm)

 단원평가 이렇게 나와요! 112쪽

1. 팔각형　　　　　　2. 구각형

3. 이유 예 선분으로만 둘러싸여 있어야 하는데

   둘러싸여 있지 않기 때문입니다.

4. 28 cm　　　　　　5. 12 cm

6. 11개　　　　　　7. 정사각형

8. 17 cm

8. ㉠＝20÷2＝10 (cm)

   ㉡＝14÷2＝7 (cm)

   → ㉠＋㉡＝10＋7＝17 (cm)